心理系のための
統計学のススメ

石村 貞夫・加藤 千恵子・石村 光資郎 ▍著

共立出版

まえがき

　この本は，心理学を学ぶ学生のための
　　　　　"統計学のやさしい教科書"
として，
　　　　"使いやすさ"　"学びやすさ"　"分りやすさ"
に配慮した内容になっています。

　統計学の予備知識が無くても学べるよう配慮し，次の5つの点に留意してこの本を構成しました。
　　1．ポイントをしぼって，あっさり解説！
　　2．図やグラフを見て，すっきり納得！
　　3．具体例と手計算で，ゆっくり理解！
　　4．より高度な統計処理まで，滑らかにレベルアップ！
　　5．抽象的議論は，いっさいなし！

　各章末には，その章で学んだ内容を再確認し，さらに統計力をアップするためのいろいろな演習問題ものっています。

　もちろん，この本を
　　　　　"統計学のやさしい自習書"
としても使えるように，いたるところで工夫がなされています。

　最後に，この本を作成するにあたり，お世話になりました共立出版編集部の横田穂波さん，吉村修司さん，日比野元さんに深く感謝いたします。

平成20年7月31日

　　　　　　　　　　　　　　　　　　　　　　　　　　　石　村　貞　夫

統計学シラバス（半期用）

	項目	統計処理	統計用語
第1回	データの種類	数値データ，順序データ，名義データ	尺度
第2回	グラフ表現	棒グラフ，円グラフ，折れ線グラフ	カテゴリ，時系列データ
第3回	基礎統計量	平均，分散，標準偏差	統計量
第4回	相関分析	散布図，相関係数	共分散
第5回	回帰分析	回帰直線	傾き，切片，実測値，予測値，残差
第6回	度数分布表	度数分布表，ヒストグラム	階級，度数，階級値，相対度数
第7回	確率分布1	確率分布	確率，確率変数
		離散確率分布，連続確率分布	2項分布，超幾何分布，ポアソン分布
		正規分布	標準正規分布
第8回	確率分布2	カイ2乗分布，t分布，F分布	自由度
第9回	統計的推定1	母平均の区間推定	母集団，標本，母平均
第10回	統計的推定2	母比率の区間推定	母集団，標本，母比率
第11回	統計的検定1	2つの母平均の差の検定	仮説，検定統計量，棄却域 t検定
第12回	統計的検定2	対応のある2つの母平均の差の検定	仮説，検定統計量，棄却域 対応のあるt検定
第13回	クロス集計	クロス集計表，独立性の検定	カイ2乗検定
第14回	時系列分析	トレンド，周期変動，不規則変動，	3項移動平均，ランダムネス
第15回	期末試験	期末試験問題	

※本書の第1～15章と上記の第1～15回の講義内容が対応しています。

ボク，なぜなぜ坊や。
こう見えても統計力は
大人顔負けだプ。
一緒に勉強しようネ！

　まえがき ………………………………………… ii
　統計学シラバス（半期用）……………………… iii

第1章 データ収集のススメ ──────── 1

　1.0　はじめに ……………………………………… 2
　1.1　データとは？ ………………………………… 3
　1.2　データ収集の方法 …………………………… 5
　1.3　アンケート調査票の例 ……………………… 6
　1.4　いろいろな分野のデータ …………………… 7
　1.5　統計力を高めましょう ……………………… 13

第2章 グラフ統計のススメ ──────── 15

　2.0　はじめに ……………………………………… 16
　2.1　棒グラフ・円グラフ・折れ線グラフとは？ … 18
　2.2　棒グラフの公式と例題 ……………………… 21
　2.3　円グラフの公式と例題 ……………………… 22
　2.4　折れ線グラフの公式と例題 ………………… 24
　2.5　統計力を高めましょう ……………………… 25

第3章 平均・分散・標準偏差のススメ ──── 27

　3.0　はじめに ……………………………………… 28
　3.1　平均または平均値とは？ …………………… 29

目次

- 3.2 分散・標準偏差とは？ …………… 32
- 3.3 中央値・最頻値・5%トリム平均とは？… 35
- 3.4 平均・分散・標準偏差の公式と例題 … 36
- 3.5 統計力を高めましょう …………… 38

第4章 やさしい相関分析のススメ —— 41

- 4.0 はじめに ………………………… 42
- 4.1 散布図とは？ …………………… 44
- 4.2 相関係数とは？ ………………… 46
- 4.3 共分散とは？ …………………… 48
- 4.4 散布図の公式と例題 …………… 49
- 4.5 相関係数の公式と例題 ………… 50
- 4.6 統計力を高めましょう ………… 52

第5章 やさしい回帰分析のススメ —— 55

- 5.0 はじめに ………………………… 56
- 5.1 回帰直線とは？ ………………… 58
- 5.2 回帰直線の求め方！ …………… 59
- 5.3 回帰直線の公式と例題 ………… 62
- 5.4 回帰直線の当てはまりの良さとは？ … 64
- 5.5 回帰直線による予測とは？ …… 66
- 5.6 統計力を高めましょう ………… 67

第6章 度数分布表とヒストグラムのススメ —— 69

- 6.0 はじめに ………………………… 70
- 6.1 度数分布表とは？ ……………… 72

v

目次

  6.2 ヒストグラムとは？ …………………… 75
  6.3 度数分布表の公式と例題 ……………… 78
  6.4 統計力を高めましょう ………………… 80

第7章 確率分布と正規分布のススメ ——— 83

  7.0 はじめに ………………………………… 84
  7.1 離散確率分布とは？ …………………… 88
  7.2 2項分布とは？ ………………………… 90
  7.3 超幾何分布とは？ ……………………… 92
  7.4 ポアソン分布とは？ …………………… 94
  7.5 連続確率分布とは？ …………………… 96
  7.6 正規分布とは？ ………………………… 100
  7.7 統計力を高めましょう ………………… 107

第8章 カイ2乗分布・t分布・F分布のススメ ——— 109

  8.0 はじめに ………………………………… 110
  8.1 カイ2乗分布とは？ …………………… 114
  8.2 t分布とは？ …………………………… 118
  8.3 F分布とは？ …………………………… 122
  8.4 統計力を高めましょう ………………… 124

第9章 統計的推定のススメ（1）
— 母平均の区間推定 — ——— 127

  9.0 はじめに ………………………………… 128
  9.1 母平均の区間推定のしくみとは？ …… 130
  9.2 母平均の区間推定の公式と例題 ……… 134
  9.3 統計力を高めましょう ………………… 136

目次

第10章 統計的推定のススメ（2）
― 母比率の区間推定 ― ──── 139

- 10.0 はじめに ……………………… 140
- 10.1 母比率の区間推定のしくみとは？ … 142
- 10.2 2項分布の正規分布による近似とは？ … 144
- 10.3 母比率の区間推定の公式と例題 …… 146
- 10.4 統計力を高めましょう ………… 148

第11章 統計的検定のススメ（1）
― 2つの母平均の差の検定 ― ──── 149

- 11.0 はじめに ……………………… 150
- 11.1 仮説の検定のしくみとは？ ……… 152
- 11.2 2つの母平均の差の検定のしくみとは？ … 154
- 11.3 2つの母平均の差の検定の公式と例題 … 156
- 11.4 統計力を高めましょう ………… 158

第12章 統計的検定のススメ（2）
― 対応のある2つの母平均の差の検定 ― ── 161

- 12.0 はじめに ……………………… 162
- 12.1 対応のある2つの母平均の差の検定のしくみとは？ …………… 164
- 12.2 対応のある2つの母平均の差の検定の公式と例題 ……………… 166
- 12.3 統計力を高めましょう ………… 168

vii

目 次

第13章 クロス集計表と独立性の検定のススメ —— 171

- 13.0 はじめに ……………………… 172
- 13.1 クロス集計表とは？ ……………… 174
- 13.2 独立？オッズ比？ 2つの比率の差 … 178
- 13.3 独立性の検定の公式—
  $m \times n$ クロス集計表の場合— ……… 181
- 13.4 独立性の検定の公式と例題 ………… 182
- 13.5 統計力を高めましょう ……………… 184

第14章 時系列データと予測のススメ ——— 187

- 14.0 はじめに ……………………… 188
- 14.1 3項移動平均とは？ ……………… 190
- 14.2 指数平滑化とは？ ……………… 192
- 14.3 指数平滑化の公式と例題 …………… 194
- 14.4 統計力を高めましょう ……………… 196

第15章 統計力確認のススメ ——————— 199

- 解 答 ……………………………… 206
- 付 録 ……………………………… 214
- 索 引 ……………………………… 220

イラスト：石村多賀子

第1章
データ収集のススメ

この章では
- データ
- データの種類
- データの収集

について学びます。

第 1 章 データ収集のススメ

1.0 はじめに

統計学の出発点は
　　　　　　"データを集める"
ところから始まります。

統計学では，収集したデータを使って
　　　　　　データの特徴を数値で表す
　　　　　　データの特徴をグラフで表現する
といったことをおこないます。

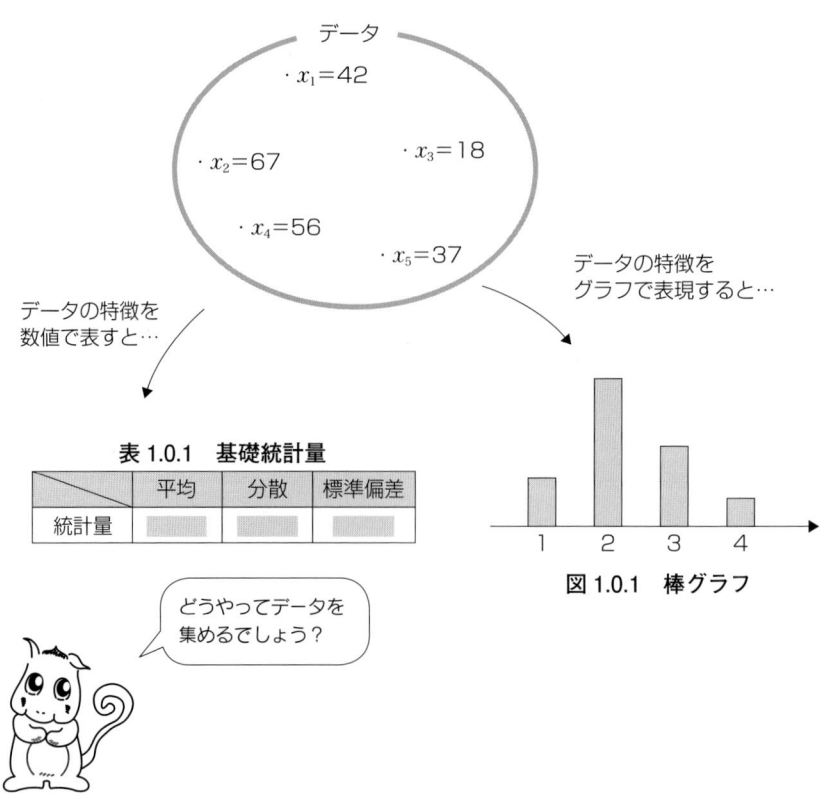

表 1.0.1　基礎統計量

	平均	分散	標準偏差
統計量			

図 1.0.1　棒グラフ

1.1 データとは？

データは

- 数値データ
- 順序データ
- 名義データ

の3種類に分けることができます。

データ
単数…datum
複数…data

尺度（measure）という統計用語を使って

- 名義尺度（nominal scale）
- 順序尺度（ordinal scale）
- 間隔尺度（interval scale）
- 比尺度　（ratio scale）

の4種類に分類する場合もあります。

■ 心理系のデータ

❶次のデータは，ヨガセラピーによるストレス軽減を調査した結果です。

年齢やアミラーゼ値は，数値データになっています。

表 1.1.1　ヨガセラピーによるストレスの軽減

被験者No.	性別	年齢	アミラーゼ値	ストレス
1	女性	26	42	ややある
2	男性	42	67	かなりある
3	女性	34	18	ない
4	女性	23	56	ある
5	男性	41	37	ややある
⋮	⋮	⋮	⋮	⋮
9	女性	35	82	かなりある
10	女性	27	13	ない

豆テスト

数値データを探しましょう。

❷次のデータは，心理療法の効果を調査した結果です。
治療効果は，順序データになっています。

表 1.1.2　心理療法の効果

被験者No.	性別	年齢	反応時間	治療効果
1	男性	35	4.3	よくなった
2	女性	27	14.2	変わらない
3	女性	48	8.6	少しよくなった
4	男性	29	6.1	少しよくなった
5	女性	36	18.5	ひどくなった
⋮	⋮	⋮	⋮	⋮
9	女性	38	5.7	よくなった
10	男性	41	10.8	変わらない

― 豆テスト ―
順序データを探しましょう。

❸次のデータは，職務内容と睡眠障害について調査した結果です。
性別や睡眠障害は，名義データになっています。

表 1.1.3　睡眠障害と職務内容

被験者No.	性別	年齢	睡眠障害	職務内容
1	女性	29	ある	不満
2	女性	39	ある	かなり不満
3	男性	41	ない	不満
4	女性	35	ない	満足
5	男性	42	ある	やや不満
⋮	⋮	⋮	⋮	⋮
9	男性	27	ある	不満
10	女性	34	ない	やや満足

― 豆テスト ―
名義データを探しましょう。

1.2 データ収集の方法

データの収集には，いくつかの方法があります。

■ データを採る

実験や観察によって，データを測定したり，収集したりします。この時の注意点は，次のフィッシャーの3原則です。

(1) 反復　　　（Replication）
(2) 無作為化　（Randmization）
(3) 局所管理　（Local Control）

データを採る前に，実験計画をしっかりと立てておきましょう。

Fisherとは？
R.A.Fisher
1890-1962
英国人。
統計学の元祖。

■ データを集める

アンケート調査やインタビュー調査をおこなって，データを集めます。

- アンケート調査とは，調査する内容に関する質問項目を作成し，調査対象者に回答してもらう方法です。
- インタビュー調査とは，調査者が調査対象者に直接会い，調査の目的に沿って質問をし，調査対象者に答えてもらう方法です。

調査対象者のことを被験者ともいいます。

■ データを探す

インターネットなどで，データを検索します。自分の調査・研究に関連するキーワード，文献名，著者をパソコンに入力し，検索してみましょう。

総務省，厚生労働省，文部科学省，農林水産省などの官庁や研究機関にアクセスし，統計データや調査結果を検索してみましょう。

データアーカイブや2次データで検索してみるプ。

第1章　データ収集のススメ

1.3 アンケート調査票の例

アンケート調査票

職場におけるロボットに関する調査をしております。この問題を考えるにあたり，皆様方のお考えを伺わせていただきたいと思います。

項目1　あなたはロボットに触ったことがありますか？

　　　　　1　ある　　　　　　2　ない

項目2　あなたはどのくらいの大きさのロボットがいいですか？

　　　　ロボットの幅 ＿＿＿＿cm　　　ロボットの高さ ＿＿＿＿cm

項目3　あなたはロボットとの距離をどのくらい取りたいですか？

　　　　ロボットとの距離 ＿＿＿＿cm

項目4　あなたはロボットのタイプとして，次のどれがいいですか？

　　　　1　車輪で移動する型　　2　歩行する型　　3　移動しない型

項目5　あなたはどのような触り心地のロボットがいいですか？

　　暖い　　　　1　2　3　4　5　6　7　　冷い

　　つるつるした　1　2　3　4　5　6　7　　ざらざらした

　　弾力がある　　1　2　3　4　5　6　7　　弾力がない

　　硬い　　　　1　2　3　4　5　6　7　　柔かい

☆調査にご協力いただきまして，ありがとうございました☆

1.4
いろいろな分野のデータ

■ 医療福祉系のデータ

次のデータは，ある高齢者福祉施設に入所している要介護度別認定者数を調査した結果です。

表 1.4.1　要介護度別認定者数

要介護度	要支援 1	要支援 2	要介護 1	要介護 2	要介護 3	要介護 4	要介護 5
人数	6	4	93	47	75	58	41

介護度の目安
- 要支援 1：身の回りの世話に一部介助が必要。
- 要支援 2：身の回りの世話に介助が必要。
- 要介護 1：身の回りの世話に介助が必要。
- 要介護 2：身の回りの世話の全般に介助が必要。
- 要介護 3：身の回りの世話，立ち上がりなどの複雑な動作などが一人でできない。
- 要介護 4：身の回りの世話，立ち上がりなどの複雑な動作などがほとんどできない。
- 要介護 5：身の回りの世話，立ち上がりなどの複雑な動作などがほとんどできない。

■ 薬学系のデータ

次のデータは，認知症患者に対する 3 種類の抗うつ剤 A，B，C の効果を調査した結果です。

表 1.4.2　3 種類の抗うつ剤の効果

	有効	無効
抗うつ剤 A	38	15
抗うつ剤 B	44	17
抗うつ剤 C	51	23

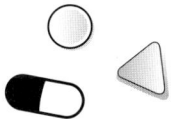

第 1 章　データ収集のススメ

■ 看護系のデータ

次のデータは，ある高齢患者の血圧と心拍数を 14 日間にわたって測定した結果です。

表 1.4.3　高齢者の 14 日間の血圧と心拍数

	1日目	2日目	3日目	4日目	5日目	6日目	7日目
血圧	154	148	163	175	172	179	141
心拍数	78	69	72	83	71	78	68

	8日目	9日目	10日目	11日目	12日目	13日目	14日目
血圧	144	156	147	172	178	173	164
心拍数	75	73	67	85	87	74	72

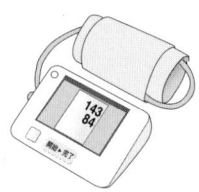

■ 医学系のデータ

次のデータは，20 代，30 代，40 代の女性と男性における喫煙率（％）を 1985 年，1995 年，2005 年に調査した結果です。

表 1.4.4　女性と男性の喫煙率

		1985 年	1995 年	2005 年
女性	20 代	16.6	23.5	20.9
	30 代	14.2	19.3	20.7
	40 代	13.2	14.1	17.8
男性	20 代	71.8	64.7	51.6
	30 代	70.2	65.3	54.2
	40 代	63.1	62.1	53.7

1.4 いろいろな分野のデータ

■ 教育系のデータ

次のデータは,東南アジアにおける学科別学力到達率(%)を調査した結果です。

表1.4.5 東南アジアの学科別学力到達率

	数学	理科	英語	社会	国語
小学生	54.2	47.8	45.4	51.3	50.1
中学生	43.5	41.9	42.4	57.5	68.7

■ 心理系のデータ

次のデータは,6ヶ月ごとのうつ病の回復率(%)について調査した結果です。

表1.4.6 6ヶ月ごとのうつ病の回復率

月	6ヶ月後	12ヶ月後	18ヶ月後	24ヶ月後	30ヶ月後	36ヶ月後
回復率	53.4	68.2	74.5	81.6	85.2	87.5

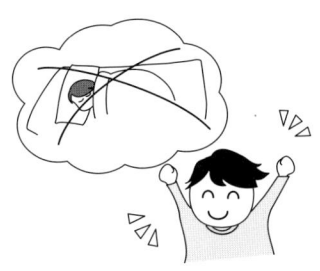

■ 経営系のデータ

次のデータは，2006年度の各コンビニの売上高（億円）を調査した結果です。

表 1.4.7　コンビニ売上高ランキング

順位	コンビニ	売上高
1位	S社	25,335
2位	L社	13,866
3位	F社	10,688
4位	C社	8,728
5位	M社	2,681
6位	D社	2,164
7位	A社	1,733
8位	S社	1,519
9位	S社	1,438
10位	P社	1,107

■ 経済系のデータ

次のデータは，原油1バーレル当たり価格（ドル）の推移を調査した結果です。

表 1.4.8　原油価格の推移

	最安値	最高値
2000年	23.25	37.20
2001年	17.45	32.19
2002年	17.97	31.37
2003年	25.49	37.78
2004年	32.48	55.17
2005年	42.12	69.81
2006年	55.81	77.03
2007年	50.48	97.70

※2008年6月末時点の最高値は143.67ドル

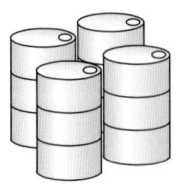

1.4 いろいろな分野のデータ

■ 工業系のデータ

次のデータは,製造工程で用いられる研磨ダイスの寿命を調査した結果です。

表 1.4.9 研磨ダイスの寿命

製品番号 No.	1	2	3	4	5
時間	43.5	42.6	40.1	45.8	47.3

製品番号 No.	6	7	8	9	10
時間	51.3	42.5	50.9	48.1	46.2

■ 気象系のデータ

次のデータは,12ヶ月間の平均気温(℃)と降水量(mm/h)を測定した結果です。

表 1.4.10 12ヶ月間の平均気温と降水量

	平均気温	降水量
1月	7.2	19.3
2月	6.5	45.8
3月	10.4	75.2
4月	17.2	47.6
5月	20.5	73.5
6月	25.9	69.1
7月	28.5	196.7
8月	29.7	79.4
9月	27.1	97.5
10月	20.8	145.1
11月	14.7	31.6
12月	6.9	30.2

第1章　データ収集のススメ

■ 生物系のデータ

次のデータは，2組の対立遺伝子を含むウサギの交雑実験の結果です。
遺伝の法則によると，
短耳短毛，短耳長毛，長耳短毛，長耳長毛の分離比は9：3：3：1
です。

表 1.4.11　ウサギの交雑実験

種類	短耳短毛	短耳長毛	長耳短毛	長耳長毛
匹数	92	37	43	15

■ 化学系のデータ

次のデータは，自動車排出ガスの二酸化窒素濃度（ppm）を
測定した結果です。

表 1.4.12　自動車排出ガスの測定結果

資料 No.	1	2	3	4	5
二酸化窒素濃度	0.042	0.051	0.058	0.039	0.053

資料 No.	6	7	8	9	10
二酸化窒素濃度	0.054	0.044	0.037	0.046	0.042

1.5 統計力を高めましょう

統計力 1.5.1

数値データを探しましょう。

統計力 1.5.2

順序データを探しましょう。

統計力 1.5.3

名義データを探しましょう。

統計力 1.5.4

心理に関するデータを探しましょう。

統計力 1.5.5

アンケート調査票を作りましょう。

楽しいデータを集めるプ！

第2章
グラフ統計のススメ

この章では
- 棒グラフ
- 円グラフ
- 折れ線グラフ

といった<u>いろいろなグラフ表現</u>について学びます。

第2章 グラフ統計のススメ

2.0 はじめに

統計学の第一歩はグラフ表現です。そこで心理系のデータを使って,いろいろなグラフ表現をしてみましょう。

■ 心理系のデータ

例 2.0.1

次のデータは,ロボットのタイプについてのアンケート調査の結果です。

アンケート調査票

項目1　あなたはロボットのタイプとして,次のどれがいいですか？

　　　1　車輪で移動する型のロボット

　　　2　歩行する型のロボット

　　　3　移動しない型のロボット

表 2.0.1　年齢とロボットのタイプ

年齢	ロボットのタイプ			合計
	車輪で移動する	歩行する	移動しない	
10代	26	81	7	114
20代	34	75	12	121
30代	55	63	49	167
40代	42	47	51	140
50代	28	38	64	130
60代	15	16	73	104

このデータで分析したいことは,それぞれの年齢が好むロボットのタイプの比較です。

2.0 はじめに

例 2.0.2

次のデータは，ロボットの色に関するアンケート調査の結果です。

アンケート調査票

項目1　あなたはロボットの色として，次のうちどの色がよいと思いますか？

　　　1　赤色　　2　青色　　3　黄色

　　　4　黒色　　5　白色　　6　灰色

表 2.0.2　ロボットの色

カテゴリ	人数
赤色	42
青色	45
黄色	26
黒色	17
白色	33
灰色	24
合計	187

例 2.0.3

次のデータは，赤色系統の室内で作業をおこなったときの心拍数を測定した結果です。

表 2.0.3　作業時の心拍数

被験者 No.	作業前	1分後	2分後	3分後	4分後	5分後
1	65	78	106	102	110	105
2	67	71	98	95	104	106
3	55	58	79	76	99	97

被験者 No.	6分後	7分後	8分後	9分後	10分後
1	109	81	83	76	75
2	92	78	75	73	69
3	85	62	60	61	58

青色系統のデータはp.26だブ！

第2章 グラフ統計のススメ

2.1 棒グラフ・円グラフ・折れ線グラフとは？

■ **棒グラフ** ─データの大小関係を表現します─

データが，いくつかのカテゴリ $A_1, A_2, \cdots, A_n$ に分類されて，それぞれのカテゴリ A_i のデータ数 x_i が，次の表のように与えられているとします。

表 2.1.1

カテゴリ	A_1	A_2	$\cdots$	A_n
データ	x_1	x_2	$\cdots$	x_n

このようなカテゴリ $A_1, A_2, \cdots, A_n$ の大小関係を比較したいときは

棒グラフ

が適しています。

大小の比較だよ！
棒グラフ
= bar graph

•••• ★ Excel を利用するときは★ ••••••••••••••••••••••••

Excel には，いろいろなタイプの棒グラフが用意されています。

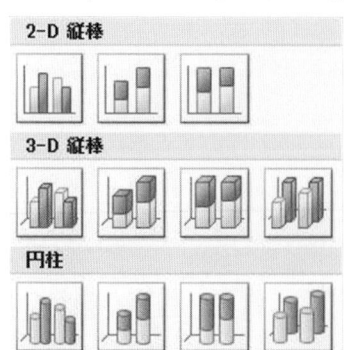
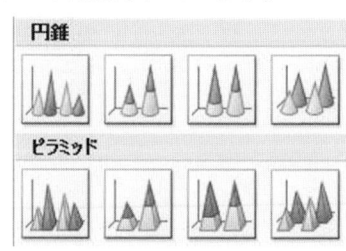

2.1 棒グラフ・円グラフ・折れ線グラフとは？

■円グラフ ―データの比率を表現します―

データが，いくつかのカテゴリ $A_1, A_2, \cdots, A_n$ に分類されて，それぞれのカテゴリ A_i のデータ数 x_i が，次の表のように与えられているとします。

表 2.1.2

カテゴリ	A_1	A_2	$\cdots$	A_n
データ	x_1	x_2	$\cdots$	x_n

このようなカテゴリ $A_1, A_2, \cdots, A_n$ の比率を比較したいときには

円グラフ

が適しています。

•••• ★Excel を利用するときは★ •••••••••••••••••••••••••••••••

Excel には，いろいろなタイプの円グラフが用意されています。

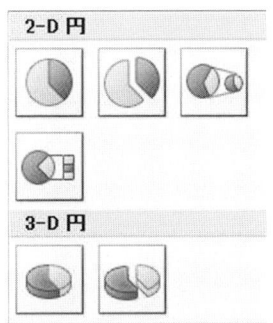

第2章 グラフ統計のススメ

■ 折れ線グラフ ―データの変化を表現します―

データ $x_1, x_2, \cdots, x_n$ が時間の経過 $t_1, t_2, \cdots, t_n$ によって次の表のように与えられているとします。

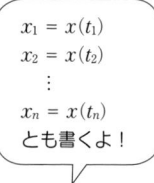

表 2.1.3

時間	t_1	t_2	$\cdots$	t_n
データ	x_1	x_2	$\cdots$	x_n

このような $x_1, x_2, \cdots, x_n$ の変化を表現したいときには

折れ線グラフ

が適しています。

•••• ★ Excel を利用するときは ★ •••••••••••••••••••••••••

Excel には，いろいろなタイプの折れ線グラフが用意されています。

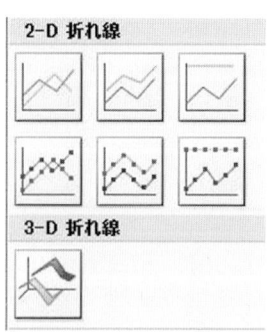

2.2 棒グラフの公式と例題

■ 公式 —棒グラフ—

❶次のような表を用意します。　❷表 2.2.1 の棒グラフを描きます。

表 2.2.1　データの型

カテゴリ	データ x
A_1	x_1
A_2	x_2
⋮	⋮
A_n	x_n

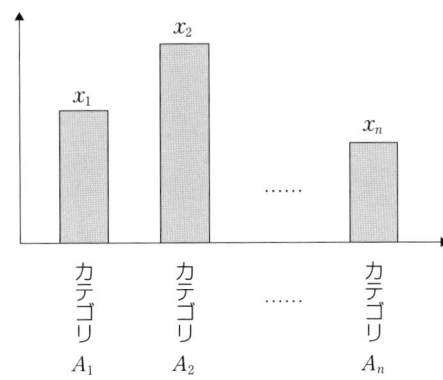

図 2.2.1　棒グラフ

■ 例題 —棒グラフ—

❶次のような表を用意します。　❷表 2.2.2 の棒グラフを描きます。

表 2.2.2　[例 2.0.1]

年齢	車輪で移動する
10代	26
20代	34
30代	55
40代	42
50代	28
60代	15

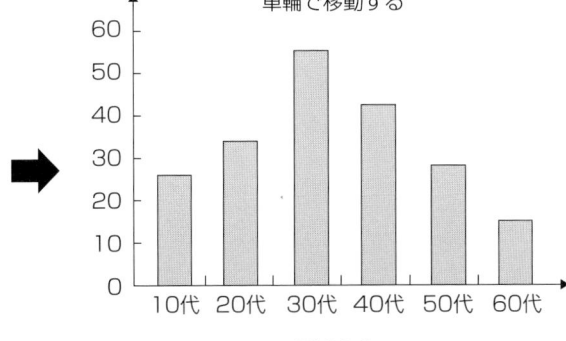

図 2.2.2

2.3
円グラフの公式と例題

■ 公式 ―円グラフ―

❶次のような表を用意します。

表 2.3.1 データの型

カテゴリ	データ x	比率	パーセント	角度
A_1	x_1	$\dfrac{x_1}{\sum_{i=1}^{n} x_i}$	$\dfrac{x_1}{\sum_{i=1}^{n} x_i} \times 100$	$\dfrac{x_1}{\sum_{i=1}^{n} x_i} \times 360°$
A_2	x_2	$\dfrac{x_2}{\sum_{i=1}^{n} x_i}$	$\dfrac{x_2}{\sum_{i=1}^{n} x_i} \times 100$	$\dfrac{x_2}{\sum_{i=1}^{n} x_i} \times 360°$
⋮	⋮	⋮	⋮	⋮
A_n	x_n	$\dfrac{x_n}{\sum_{i=1}^{n} x_i}$	$\dfrac{x_n}{\sum_{i=1}^{n} x_i} \times 100$	$\dfrac{x_n}{\sum_{i=1}^{n} x_i} \times 360°$
合計	$\sum_{i=1}^{n} x_i$	1	100	360

❷ 表 2.3.1 の円グラフを描きます。

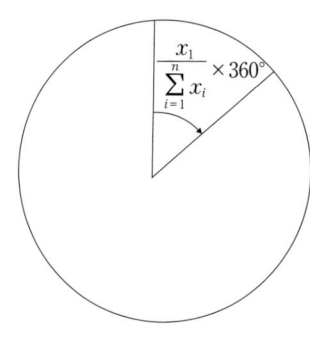

図 2.3.1 円グラフ

Σは"合計する"という記号だプ！

$$\sum_{i=1}^{n} x_i = x_1 + x_2 + \cdots + x_i + \cdots + x_n$$

2.3 円グラフの公式と例題

■ 例題 ―円グラフ―

❶ 例 2.0.2 のデータから,次のような表を用意します。

表 2.3.2

カテゴリ	人数	比率	パーセント	角度
赤色	42	0.225	22.5	80.9
青色	45	0.241	24.1	86.6
黄色	26	0.139	13.9	50.1
黒色	17	0.091	9.1	32.7
白色	33	0.176	17.6	63.5
灰色	24	0.128	12.8	46.2
合計	187	1.000	100.0	360.0

❷ 表 2.3.2 の円グラフを描きます。

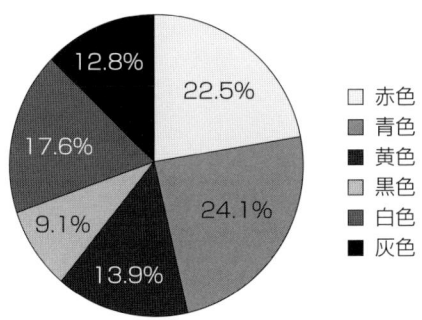

図 2.3.2

パイみたいな形をしているから pie charts

2.4 折れ線グラフの公式と例題

■ 公式 —折れ線グラフ—

❶次のような表を用意します。　❷表 2.4.1 の折れ線グラフを描きます。

表 2.4.1　データの型

時間 t	データ x
t_1	x_1
t_2	x_2
⋮	⋮
t_n	x_n

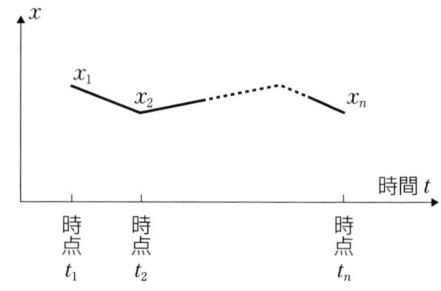

図 2.4.1　折れ線グラフ

■ 例題 —折れ線グラフ—

❶次のような表を用意します。　❷表 2.4.2 の折れ線グラフを描きます。

表 2.4.2　[例 2.0.3]

時間	心拍数
作業前	65
1分後	78
2分後	106
3分後	102
4分後	110
5分後	105
6分後	109
7分後	81
8分後	83
9分後	76
10分後	75

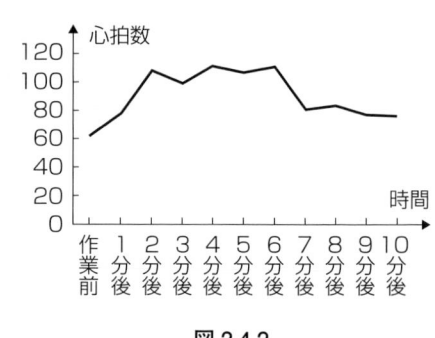

図 2.4.2

2.5 統計力を高めましょう

統計力 2.5.1

次のデータは，近い将来ロボットによる心理療法の時代が来るかどうかについてのアンケート調査の結果です。

棒グラフを描いて下さい。

表 2.5.1

カテゴリ	来ると思わない	あまりそう思わない	わからない	ややそう思う	来ると思う
人数	13	16	24	38	15

統計力 2.5.2

次のデータは，男子大学生を対象におこなったロボットの色についてのアンケート調査の結果です。

円グラフを描いて下さい。

表 2.5.2 男子大学生のグループ

カテゴリ	人数	比率	パーセント	角度
赤色	18			
青色	52			
黄色	23			
黒色	27			
白色	41			
灰色	19			
合計	180			

統計力UPだ！

第2章 グラフ統計のススメ

統計力 2.5.3

次のデータは，青色系統の室内で作業をおこなったときの心拍数を測定した結果です。

折れ線グラフを描いて下さい。

表 2.5.3　青色系統と心拍数

被験者 No.	作業前	1分後	2分後	3分後	4分後	5分後
1	65	69	72	74	78	85
2	72	79	85	99	95	103
3	68	65	66	86	82	93

被験者 No.	6分後	7分後	8分後	9分後	10分後
1	87	85	82	74	71
2	105	97	95	88	89
3	95	89	87	85	76

統計力UPだよ！

第3章
平均・分散・標準偏差のススメ

この章では
- 平均
- 分散，標準偏差

といった<u>いろいろな基礎統計量</u>について学びます。

3.0 はじめに

統計学では
　　　　平均，分散，標準偏差
といった統計量がたびたび登場します。

統計量とは，大きさ N のデータ
$$\{x_1 \quad x_2 \quad \cdots \quad x_N\}$$
から計算される数値のことです。

例えば，平均値 $\bar{x}$ は
$$\bar{x} = \frac{x_1 + x_2 + \cdots + x_N}{N}$$
のように計算されますから，平均値は統計量の1つです。

分散 s^2 は
$$s^2 = \frac{(x_1 - \bar{x})^2 + (x_2 - \bar{x})^2 + \cdots + (x_N - \bar{x})^2}{N-1}$$
のように計算されますから，分散 s^2 も統計量の1つです。

心理系のデータを使って
　　　　平均，分散，標準偏差
といった，いろいろな統計量を計算してみましょう！

> 統計量＝statistic
> 統計量のことを $T(x_1, x_2, \cdots, x_N)$
> と書くこともあるプ！

3.0 はじめに

■ 心理系のデータ

例 3.0.1

次のデータは，女子大学生 12 人と男子大学生 12 人を対象におこなったロボットについてのアンケート調査の結果です。

アンケート調査票

項目 1　あなたの体重をおたずねします。

　　　　体重 ＿＿＿＿ kg

項目 2　あなたはどのくらいの幅のロボットがいいですか？

　　　　ロボットの幅 ＿＿＿＿ cm

表 3.0.1　女子大学生のグループ

被験者 No.	体重	ロボットの幅
1	52	23
2	47	47
3	53	63
4	54	52
5	52	39
6	63	33
7	49	51
8	65	39
9	51	30
10	45	22
11	53	59
12	58	52

表 3.0.2　男子大学生のグループ

被験者 No.	体重	ロボットの幅
1	67	43
2	88	58
3	97	65
4	73	41
5	65	37
6	71	36
7	84	60
8	59	63
9	74	47
10	73	52
11	51	45
12	68	35

アンケート = questionnair
被験者 = subject

第3章 平均・分散・標準偏差のススメ

3.1
平均または平均値とは？

■ データの位置を示す統計量

女子大学生のグループと男子大学生のグループにおけるロボットの幅をグラフで表現してみましょう。

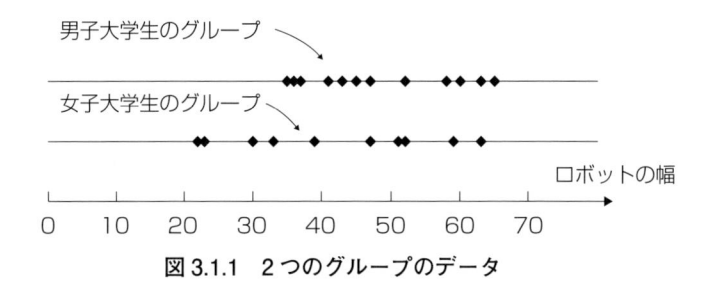

図 3.1.1　2つのグループのデータ

このとき，女子大学生のグループと男子大学生のグループの中心は次のようになっています。

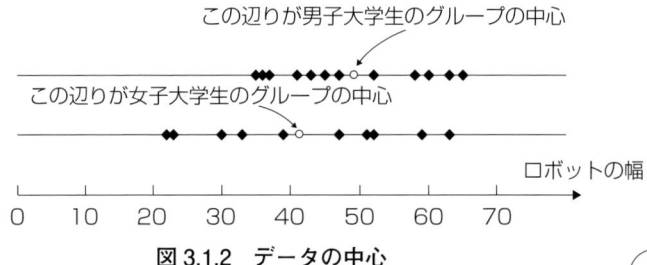

図 3.1.2　データの中心

そこで，このグループの中心を

　　　　　　　　データの位置を示す値

といいかえてもよさそうですね。

データの位置を示す統計量として

　　　　平均値，中央値，最頻値，5%トリム平均

などがあります。

> トリムとは"刈り取る"という意味だプ！

30

3.1 平均または平均値とは？

■ 平均値

データの位置を示す統計量の一つが，平均値です。

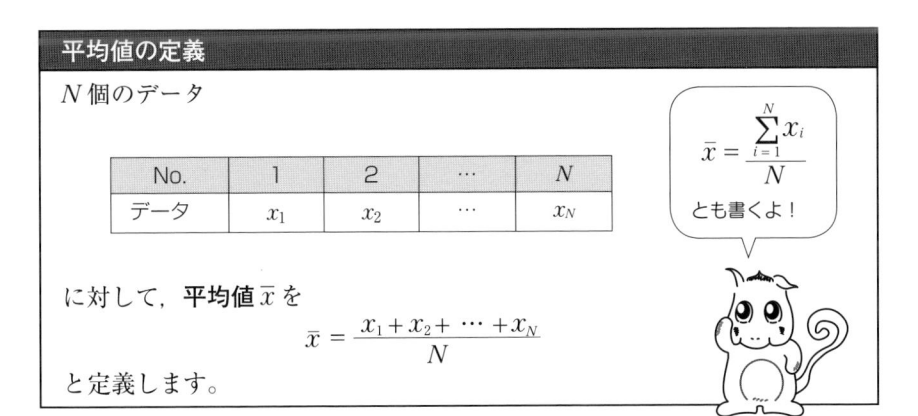

平均値の定義

N 個のデータ

No.	1	2	…	N
データ	x_1	x_2	…	x_N

$$\bar{x} = \frac{\sum_{i=1}^{N} x_i}{N}$$

とも書くよ！

に対して，平均値 $\bar{x}$ を

$$\bar{x} = \frac{x_1 + x_2 + \cdots + x_N}{N}$$

と定義します。

例 3.1.1

女子大学生のグループにおけるロボットの幅の平均値 $\bar{x}$ は

$$\bar{x} = \frac{23 + 47 + 63 + \cdots + 59 + 52}{12}$$
$$= 42.5$$

となります。

•••• ★ Excel を利用するときは ★ •••••••••••••••••

Excel で平均値を求めるときは
= AVERAGE (　　 , 　　)
を使います。

平均のことを average または mean ともいいます。

第3章　平均・分散・標準偏差のススメ

3.2
分散・標準偏差とは？

■ データのバラツキの程度を示す統計量

女子大学生のグループと男子大学生のグループにおけるロボットの幅を図示すると，次のようになります。

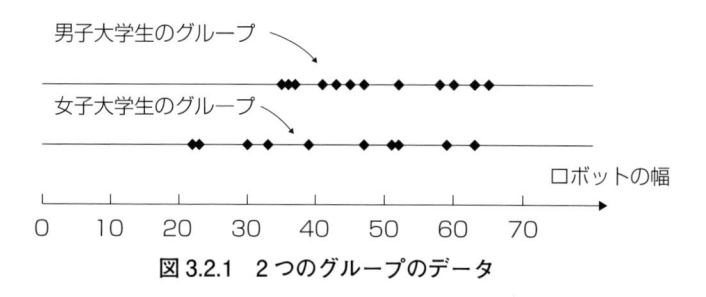

図 3.2.1　2つのグループのデータ

この2つのグループを比較すると，女子大学生のグループの方が男子大学生のグループに比べて，より広がっていることがわかります。

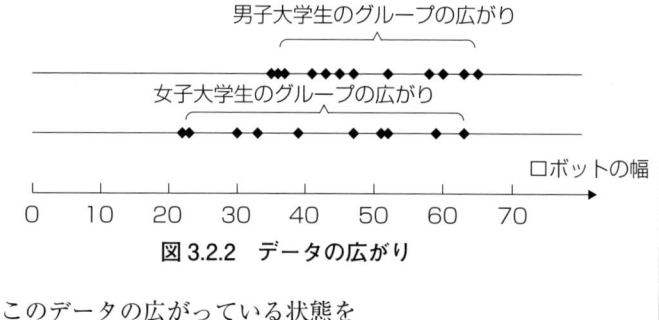

図 3.2.2　データの広がり

このデータの広がっている状態を

$$データのバラツキ$$

といいます。

データのバラツキの程度を示す統計量として

　　　　　　　　分散，標準偏差，四分位範囲

などがあります。

$25\% = \dfrac{1}{4}$
$50\% = \dfrac{2}{4}$
$75\% = \dfrac{3}{4}$
だから四分位だプ！

3.2 分散・標準偏差とは？

■ 分散・標準偏差

データのバラツキの程度を示す統計量の一つが，分散です。

分散・標準偏差の定義

N 個のデータ

No.	1	2	…	N
データ	x_1	x_2	…	x_N

分散 = variance
標準偏差 = standard deviation

に対して，分散 s^2 と標準偏差 s を次のように定義します。

分散 $$s^2 = \frac{(x_1-\bar{x})^2 + (x_2-\bar{x})^2 + \cdots + (x_N-\bar{x})^2}{N-1}$$

標準偏差 $s = \sqrt{分散}$

例 3.2.1

女子大学生のグループ A におけるロボットの幅の分散 s^2 は

$$s^2 = \frac{(23-42.5)^2 + (47-42.5)^2 + \cdots + (52-42.5)^2}{12-1}$$

$= 185.18$

となります。

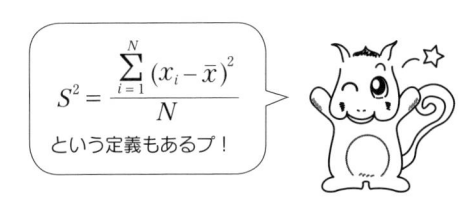

$$S^2 = \frac{\sum_{i=1}^{N}(x_i-\bar{x})^2}{N}$$

という定義もあるプ！

•••• ★ Excel を利用するときは ★ ••••••••••••••••••••

Excel を使って分散や標準偏差を求めるときは，次のようになります。

= VAR.S (　　,　　)　　　= STDEV.S (　　,　　)

■ 分散の式の変形

分散の定義式は，次のように変形することができます。

$$s^2 = \frac{(x_1-\bar{x})^2+(x_2-\bar{x})^2+\cdots+(x_N-\bar{x})^2}{N-1}$$

$$= \frac{x_1^2+\bar{x}^2-2x_1\bar{x}+x_2^2+\bar{x}^2-2x_2\bar{x}+\cdots+x_N^2+\bar{x}^2-2x_N\bar{x}}{N-1}$$

$$= \frac{x_1^2+x_2^2+\cdots+x_N^2+N\bar{x}^2-2(x_1+x_2+\cdots+x_N)\bar{x}}{N-1}$$

$$= \frac{\sum_{i=1}^{N}x_i^2 + N\left(\dfrac{\sum_{i=1}^{N}x_i}{N}\right)^2 - 2\left(\sum_{i=1}^{N}x_i\right)\dfrac{\sum_{i=1}^{N}x_i}{N}}{N-1}$$

$$= \frac{\sum_{i=1}^{N}x_i^2 + \dfrac{\left(\sum_{i=1}^{N}x_i\right)^2}{N} - 2\dfrac{\left(\sum_{i=1}^{N}x_i\right)^2}{N}}{N-1}$$

$$= \frac{N\left(\sum_{i=1}^{N}x_i^2\right) - \left(\sum_{i=1}^{N}x_i\right)^2}{N(N-1)}$$

$(A-B)^2 = A^2+B^2-2AB$

したがって，次の公式が導かれました。

分散の重要な公式

$$\text{分散}\quad s^2 = \frac{N\cdot\left(\sum_{i=1}^{N}x_i^2\right) - \left(\sum_{i=1}^{N}x_i\right)^2}{N\cdot(N-1)}$$

実際に分散を計算するときには，この公式を用います。

3.3 中央値・最頻値・5%トリム平均とは？

■ 中央値

データを大きさの順に並べ換えたとき，まん中の値を**中央値**といいます。**メディアン**ともいいます。

例えば，ロボットの幅 {23 39 47 52 63} の中央値は 47 です。

また，ロボットの幅 {23 33 39 47 52 63} のように，データの数が偶数のときは

$$中央値 = \frac{39 + 47}{2} = 43$$

と定義します。

データの中に極端に大きい値や極端に小さい値がある場合には，平均値よりも中央値の方がデータの位置を示す統計量として適しています。

■ 最頻値

最もたびたび現れるデータのことを**最頻値**(さいひんち)といいます。**モード**ともいいます。データ数が少ないときには，最頻値は用いられません。

■ 5%トリム平均

データを大きさの順に並べ換えたとき，両端の5%のデータを取り除いたあとの90%のデータの平均値を**5%トリム平均**といいます。

中央値と同じように，極端な値のあるデータの場合，5%トリム平均はとても有効な統計量です。

> 中央値
> = median
> 最頻値
> = mode
> トリム平均
> = trimmed mean

3.4
平均・分散・標準偏差の公式と例題

■ 公式 ―平均・分散・標準偏差―

❶次のような表を用意します。

表 3.4.1 データの型

No.	データ x	x^2
1	x_1	x_1^2
2	x_2	x_2^2
⋮	⋮	⋮
i	x_i	x_i^2
⋮	⋮	⋮
N	x_N	x_N^2
合計	$\sum_{i=1}^{N} x_i$	$\sum_{i=1}^{N} x_i^2$

❷表 3.4.1 の合計を使って,平均値,分散,標準偏差を計算します。

平均値 $\bar{x} = \dfrac{\sum_{i=1}^{N} x_i}{N}$

分散 $s^2 = \dfrac{N \cdot \left(\sum_{i=1}^{N} x_i^2 \right) - \left(\sum_{i=1}^{N} x_i \right)^2}{N \cdot (N-1)}$

標準偏差 $s = \sqrt{\dfrac{N \cdot \left(\sum_{i=1}^{N} x_i^2 \right) - \left(\sum_{i=1}^{N} x_i \right)^2}{N \cdot (N-1)}}$

分散の公式を使うのだプ!

3.4 平均・分散・標準偏差の公式と例題

■ 例題 ─平均・分散・標準偏差─

❶ 例 3.0.1 のデータから、次のような表を用意します。

表 3.4.2 データと統計量

被験者No.	ロボットの幅 x	x^2
1	23	529
2	47	2209
3	63	3969
4	52	2704
5	39	1521
6	33	1089
7	51	2601
8	39	1521
9	30	900
10	22	484
11	59	3481
12	52	2704
合計	510	23712

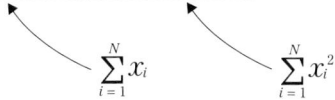

$\sum_{i=1}^{N} x_i$ $\sum_{i=1}^{N} x_i^2$

❷ 表 3.4.2 の合計を使って、平均値、分散、標準偏差を計算します。

$$平均値 \quad \bar{x} = \frac{510}{12} = 42.5$$

$$分散 \quad s^2 = \frac{12 \times 23712 - (510)^2}{12 \times (12-1)} = 185.18$$

$$標準偏差 \quad s = \sqrt{185.18} = 13.6$$

> 女子学生のグループと男子学生のグループの平均や分散を比較すると性別の違いがよくわかるプ！

3.5 統計力を高めましょう

統計力 3.5.1

次のデータは、男子大学生 12 人を対象におこなったロボットについてのアンケート調査の結果です。

ロボットの幅（cm）の平均値，分散，標準偏差を計算して下さい。

アンケート調査票

項目1　あなたはどのくらいの幅のロボットがいいですか？

　　　　ロボットの幅　_____ cm

表 3.5.1　男子大学生のグループ

被験者 No.	ロボットの幅 x	x^2
1	43	
2	58	
3	65	
4	41	
5	37	
6	36	
7	60	
8	63	
9	47	
10	52	
11	45	
12	35	
合計		

3.5 統計力を高めましょう

表 3.5.1 の合計を使って，平均値，分散，標準偏差を計算します．

$$\text{平均値} \quad \bar{x} = \frac{\boxed{}}{\boxed{}}$$
$$= \boxed{}$$

$$\text{分散} \quad s^2 = \frac{\boxed{} \times \boxed{} - \boxed{}^2}{\boxed{} \times (\boxed{} - 1)}$$
$$= \boxed{}$$

$$\text{標準偏差} \quad s = \sqrt{\boxed{}}$$
$$= \boxed{}$$

統計力 3.5.2

次のデータは，男子中学生 12 人を対象におこなったロボットについてのアンケート調査の結果です．

<u>ロボットの幅</u>（cm）の平均値，分散，標準偏差を計算して下さい．

表 3.5.2 男子中学生のグループ

被験者 No.	1	2	3	4	5	6
ロボットの幅	93	67	86	87	93	79

被験者 No.	7	8	9	10	11	12
ロボットの幅	85	74	92	89	51	62

> 大学生のグループと比較してみるプ！

第3章 平均・分散・標準偏差のススメ

統計力 3.5.3

次のデータは，男子高校生80人を対象におこなったロボットについてのアンケート調査の結果です。

ロボットの幅（cm）の平均値，中央値，最頻値を求めて下さい。

表 3.5.3　男子高校生のグループ

被験者 No.	ロボットの幅	被験者 No.	ロボットの幅	被験者 No.	ロボットの幅	被験者 No.	ロボットの幅
1	56	21	22	41	50	61	58
2	79	22	44	42	38	62	36
3	38	23	73	43	42	63	22
4	31	24	49	44	78	64	47
5	64	25	47	45	73	65	30
6	37	26	61	46	54	66	64
7	84	27	75	47	48	67	23
8	41	28	47	48	74	68	85
9	75	29	52	49	83	69	36
10	84	30	78	50	26	70	28
11	83	31	68	51	45	71	70
12	40	32	29	52	55	72	26
13	39	33	86	53	21	73	22
14	40	34	39	54	75	74	80
15	80	35	78	55	85	75	75
16	51	36	66	56	59	76	34
17	32	37	27	57	67	77	75
18	94	38	45	58	46	78	70
19	89	39	24	59	50	79	51
20	55	40	71	60	58	80	28

Excelの場合
データ→並べ替え→昇順
を利用するプ！

第4章
やさしい相関分析のススメ

この章では
- 散布図
- 相関係数

といった
<u>2変数データの統計処理</u>
について学びます。

第 4 章　やさしい相関分析のススメ

4.0
はじめに

　統計学で扱うデータは，1つだけの変数とは限りません。2変数のデータも取り扱います。
　2つの変数を x, y とすると…

❶ 2変数のデータ (x_i, y_i) は，次のような xy 平面上に表現できます。

表 4.0.1　2変数のデータ

No.	x	y
1	x_1	y_1
2	x_2	y_2
⋮	⋮	⋮
i	x_i	y_i
⋮	⋮	⋮
N	x_N	y_N

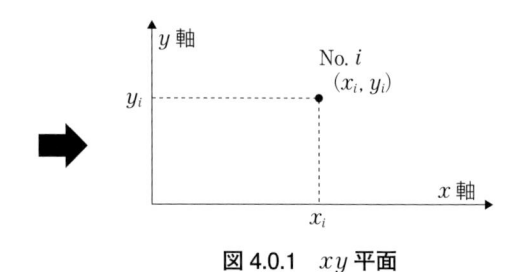

図 4.0.1　xy 平面

　この xy 平面を利用したグラフ表現を**散布図**といいます。

❷ 2変数 x, y のデータの関係を数値で表したものが**相関係数**です。
　相関係数は，2変数データにおける重要な統計量です。

　心理系のデータを使って，散布図を描いたり
相関係数を計算したりしてみましょう。

■ 心理系のデータ

例 4.0.1

　次のデータは，女子大学生 10 人と男子大学生 10 人を対象におこなったロボットについてのアンケート調査の結果です。

4.0 はじめに

アンケート調査票

項目1　あなたのロボットのイメージに最も近いと思われる数値に○印を付けて下さい。

スピーディ	1 2 3 4 5 6 7 8 9 10	スロー
知的	1 2 3 4 5 6 7 8 9 10	感情的
親しみやすい	1 2 3 4 5 6 7 8 9 10	よそよそしい
安全	1 2 3 4 5 6 7 8 9 10	危険
精密	1 2 3 4 5 6 7 8 9 10	粗雑

表 4.0.2　女子大学生のグループ

被験者 No.	スピーディ	知的	親しみ	安全	精密
1	5	6	4	4	6
2	3	3	9	8	2
3	6	6	2	2	1
4	8	7	3	7	8
5	4	4	4	3	2
6	5	6	9	8	5
7	6	8	6	1	6
8	7	5	1	2	1
9	5	3	2	6	4
10	2	4	5	4	3

表 4.0.3　男子大学生のグループ

被験者 No.	スピーディ	知的	親しみ	安全	精密
1	3	2	5	5	2
2	5	6	2	1	1
3	8	7	1	2	4
4	3	1	2	1	7
5	4	3	8	2	3
6	3	4	3	3	2
7	1	2	1	1	1
8	2	1	7	2	2
9	1	1	8	4	1
10	5	8	4	4	8

変数 = variable
散布図 = scatterplot
相関係数 = correlation coefficient

第4章 やさしい相関分析のススメ

4.1
散布図とは？

2変数のデータのグラフ表現が**散布図**です。
2つの変数を x, y とすると…

表 4.1.1　2変数のデータ

No.	x	y
1	x_1	y_1
2	x_2	y_2
⋮	⋮	⋮
N	x_N	y_N

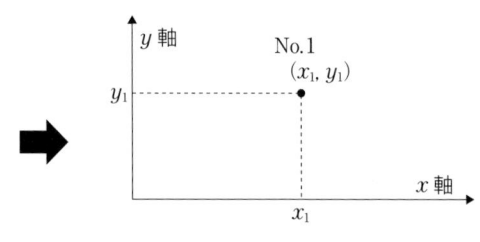

図 4.1.1　散布図

例 4.1.1

女子大学生のグループの場合，スピーディを横軸に知的を縦軸にとると，10個のデータは，次のような xy 平面上に表現できます。

表 4.1.2

被験者No.	スピーディ	知的
1	5	6
2	3	3
3	6	6
4	8	7
5	4	4
6	5	6
7	6	8
8	7	5
9	5	3
10	2	4

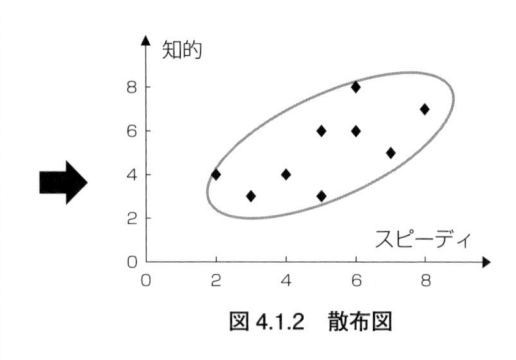

図 4.1.2　散布図

例 4.1.2

女子大学生のグループの場合，スピーディを横軸に，親しみを縦軸にとると，10個のデータは次の xy 平面上に表現できます。

表 4.1.3

被験者 No.	スピーディ	親しみ
1	5	4
2	3	9
3	6	2
4	8	3
5	4	4
6	5	9
7	6	6
8	7	1
9	5	2
10	2	5

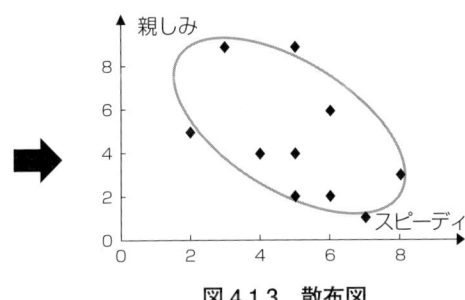

図 4.1.3 散布図

例 4.1.3

女子大学生のグループの場合，知的を横軸に，親しみを縦軸にとると，10 個のデータは次の xy 平面上に表現できます。

表 4.1.4

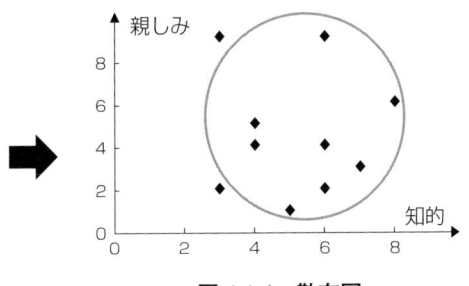

被験者 No.	知的	親しみ
1	6	4
2	3	9
3	6	2
4	7	3
5	4	4
6	6	9
7	8	6
8	5	1
9	3	2
10	4	5

図 4.1.4 散布図

■ 散布図の種類

散布図は，次の 3 つのタイプに分類されます。

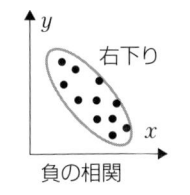

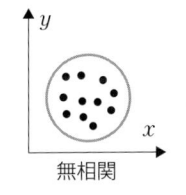

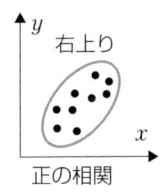

負の相関　　　無相関　　　正の相関

図 4.1.5 散布図の 3 つのタイプ

4.2 相関係数とは？

2変数のデータ x, y の統計量としてよく利用されているのが

　　　　　　　　　相関係数，共分散

です。

相関係数の定義

N 個のデータに対して

No.	1	2	$\cdots$	N
x	x_1	x_2	$\cdots$	x_N
y	y_1	y_2	$\cdots$	y_N

相関係数 r を，次のように定義します。

$$r = \frac{(x_1-\bar{x})(y_1-\bar{y}) + (x_2-\bar{x})(y_2-\bar{y}) + \cdots + (x_N-\bar{x})(y_N-\bar{y})}{\sqrt{(x_1-\bar{x})^2 + (x_2-\bar{x})^2 + \cdots + (x_N-\bar{x})^2} \sqrt{(y_1-\bar{y})^2 + (y_2-\bar{y})^2 + \cdots + (y_N-\bar{y})^2}}$$

> 共分散も大切だプ！次節でやるよ！

■ **相関係数の性質**

相関係数は，次のような性質をもっています。

　　　　　　$-1 \leq$　相関係数　≤ 1

相関係数 r は，2つのベクトル x, y のなす角を θ としたときの

　　　　　　　　　$\cos \theta$

に対応しています。

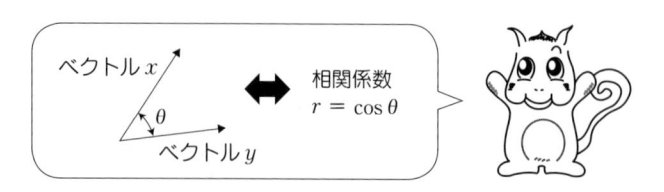

> ベクトル x / θ / ベクトル y　⇔　相関係数 $r = \cos \theta$

4.2 相関係数とは？

■ 相関係数と散布図の関係

相関係数と散布図の間には，次のような関係があります。

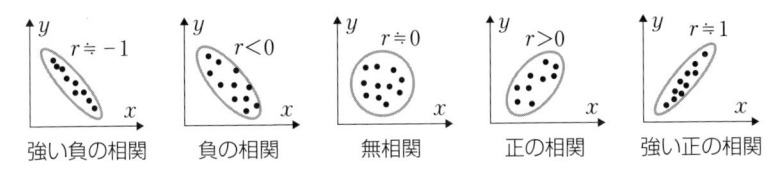

$r \fallingdotseq -1$	$r<0$	$r \fallingdotseq 0$	$r>0$	$r \fallingdotseq 1$
強い負の相関	負の相関	無相関	正の相関	強い正の相関

図 4.2.1　相関係数と散布図の関係

■ 相関係数の表現

相関係数を図で表現すると，次のようになります。

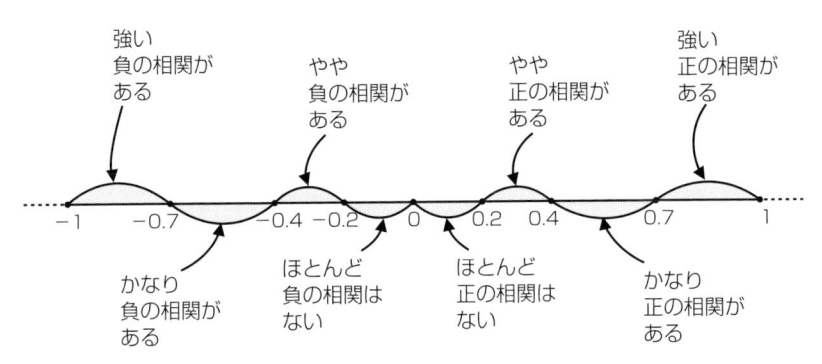

上側のラベル：
- 強い負の相関がある（−1付近）
- やや負の相関がある（−0.4付近）
- やや正の相関がある（0.4付近）
- 強い正の相関がある（1付近）

下側のラベル：
- かなり負の相関がある（−0.7付近）
- ほとんど負の相関はない（−0.2付近）
- ほとんど正の相関はない（0.2付近）
- かなり正の相関がある（0.7付近）

目盛：−1　−0.7　−0.4　−0.2　0　0.2　0.4　0.7　1

図 4.2.2

> この相関係数の表現はあくまでも一つの目安にすぎません。よって，この表現にこだわる必要はありません。

4.3 共分散とは？

相関係数 r の定義式の分子，分母を $N-1$ で割ると，次のようになります。

$$r = \frac{\dfrac{(x_1-\bar{x})(y_1-\bar{y})+(x_2-\bar{x})(y_2-\bar{y})+\cdots+(x_N-\bar{x})(y_N-\bar{y})}{N-1}}{\sqrt{\dfrac{(x_1-\bar{x})^2+\cdots+(x_N-\bar{x})^2}{N-1}}\sqrt{\dfrac{(y_1-\bar{y})^2+\cdots+(y_N-\bar{y})^2}{N-1}}}$$

この分母の中身は x の分散と y の分散の定義式なので，相関係数 r は

$$r = \frac{\dfrac{(x_1-\bar{x})(y_1-\bar{y})+(x_2-\bar{x})(y_2-\bar{y})+\cdots+(x_N-\bar{x})(y_N-\bar{y})}{N-1}}{\sqrt{x\text{の分散}}\sqrt{y\text{の分散}}}$$

となります。このとき，この分子を

$$x\text{と}y\text{の共分散} = \frac{(x_1-\bar{x})(y_1-\bar{y})+(x_2-\bar{x})(y_2-\bar{y})+\cdots+(x_N-\bar{x})(y_N-\bar{y})}{N-1}$$

といいます。したがって，次の等式が成り立ちます。

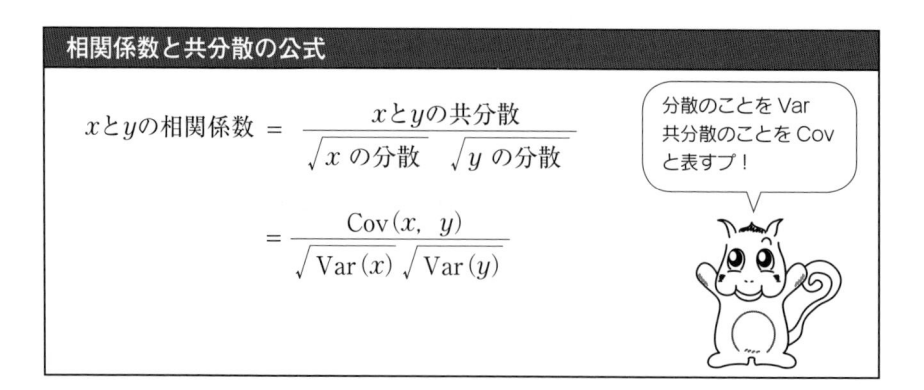

相関係数と共分散の公式

$$x\text{と}y\text{の相関係数} = \frac{x\text{と}y\text{の共分散}}{\sqrt{x\text{の分散}}\sqrt{y\text{の分散}}}$$

$$= \frac{\mathrm{Cov}(x,\,y)}{\sqrt{\mathrm{Var}(x)}\sqrt{\mathrm{Var}(y)}}$$

分散のことを Var 共分散のことを Cov と表すプ！

4.4 散布図の公式と例題

■ 公式 ―散布図―

❶次のような表を用意します。

表 4.4.1　データの型

No.	x	y
1	x_1	y_1
2	x_2	y_2
⋮	⋮	⋮
i	x_i	y_i
⋮	⋮	⋮
N	x_N	y_N

❷表 4.4.1 の散布図を描きます。

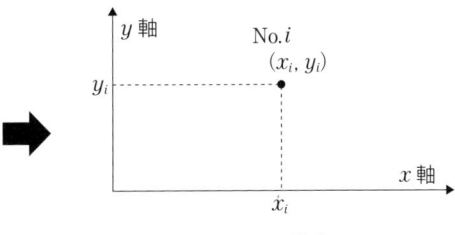

図 4.4.1　散布図

■ 例題 ―散布図―

❶次のような表を用意します。

表 4.4.2　[例 4.1.1]

被験者 No.	スピーディ	知的
1	5	6
2	3	3
3	6	6
4	8	7
5	4	4
6	5	6
7	6	8
8	7	5
9	5	3
10	2	4

❷表 4.4.2 の散布図を描きます。

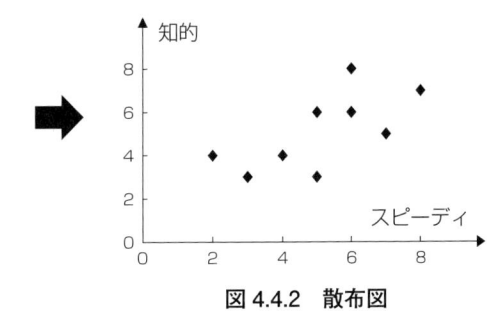

図 4.4.2　散布図

右上りなので正の相関？

4.5 相関係数の公式と例題

■ 公式 ―相関係数―

❶次のような表を用意します。

表 4.5.1 データの型

No.	データ x	データ y	x^2	y^2	xy
1	x_1	y_1	x_1^2	y_1^2	$x_1 y_1$
2	x_2	y_2	x_2^2	y_2^2	$x_2 y_2$
⋮	⋮	⋮	⋮	⋮	⋮
i	x_i	y_i	x_i^2	y_i^2	$x_i y_i$
⋮	⋮	⋮	⋮	⋮	⋮
N	x_N	y_N	x_N^2	y_N^2	$x_N y_N$
合計	$\sum_{i=1}^{N} x_i$	$\sum_{i=1}^{N} y_i$	$\sum_{i=1}^{N} x_i^2$	$\sum_{i=1}^{N} y_i^2$	$\sum_{i=1}^{N} x_i y_i$

x の平方和　y の平方和　x と y の積和

❷表 4.5.1 の合計を使って, 相関係数 r を計算します。

$$相関係数\ r = \frac{N \cdot \left(\sum_{i=1}^{N} x_i y_i \right) - \left(\sum_{i=1}^{N} x_i \right) \cdot \left(\sum_{i=1}^{N} y_i \right)}{\sqrt{N \cdot \left(\sum_{i=1}^{N} x_i^2 \right) - \left(\sum_{i=1}^{N} x_i \right)^2} \sqrt{N \cdot \left(\sum_{i=1}^{N} y_i^2 \right) - \left(\sum_{i=1}^{N} y_i \right)^2}}$$

4.5 相関係数の公式と例題

■ 例題 —相関係数—

❶ 例 4.1.1 のデータから,次のような表を用意します。

表 4.5.2 データと統計量

被験者 No.	スピーディ x	知的 y	x^2	y^2	xy
1	5	6	25	36	30
2	3	3	9	9	9
3	6	6	36	36	36
4	8	7	64	49	56
5	4	4	16	16	16
6	5	6	25	36	30
7	6	8	36	64	48
8	7	5	49	25	35
9	5	3	25	9	15
10	2	4	4	16	8
合計	51	52	289	296	283

　　　　　　　　　　　　　　　　x の平方和　　y の平方和　　x と y の積和

❷ 表 4.5.2 の合計を使って,相関係数 r を計算します。

$$相関係数\ r = \frac{10 \times 283 - 51 \times 52}{\sqrt{10 \times 289 - (51)^2}\sqrt{10 \times 296 - (52)^2}}$$

$$= 0.6544$$

> スピーディと知的の間には,かなり正の相関があるプ

第4章　やさしい相関分析のススメ

4.6
統計力を高めましょう

統計力 4.6.1

次のデータは，男子中学生 14 人を対象におこなったロボットについてのアンケート調査の結果です。

ロボットの幅（cm）の横軸に，ロボットの高さ（cm）を縦軸にとり，散布図を描いて下さい。続いて，相関係数を計算して下さい。

アンケート調査票

項目 1　あなたはどのくらいの大きさのロボットがいいですか？

　　　ロボットの幅　_____ cm　　　ロボットの高さ　_____ cm

表 4.6.1　男子中校生のグループ

被験者 No.	ロボットの幅 x	ロボットの高さ y	x^2	y^2	xy
1	43	152			
2	51	147			
3	63	162			
4	59	145			
5	35	121			
6	41	133			
7	56	151			
8	33	149			
9	44	130			
10	55	168			
11	27	124			
12	62	152			
13	35	137			
14	46	157			
合計					

4.6 統計力を高めましょう

表 4.6.1 の合計を使って，相関係数 r を計算します。

$$\text{相関係数 } r = \frac{\boxed{} \times \boxed{} - \boxed{} \times \boxed{}}{\sqrt{\boxed{} \times \boxed{} - \boxed{}^2} \sqrt{\boxed{} \times \boxed{} - \boxed{}^2}}$$

$$= \boxed{}$$

統計力 4.6.2

次のデータは，男子高校生 15 人を対象におこなったロボットについてのアンケート調査の結果です。

スピーディ，知的，親しみの間の相関係数を計算して下さい。

アンケート調査票

項目 1　あなたのロボットのイメージに最も近いと思われる数値に○印を付けて下さい。

スピーディ	1 2 3 4 5 6 7 8 9 10	スロー
知的	1 2 3 4 5 6 7 8 9 10	感情的
親しみやすい	1 2 3 4 5 6 7 8 9 10	よそよそしい

表 4.6.2　男子高校生のグループ

被験者 No.	スピーディ	知的	親しみ
1	4	3	7
2	2	1	9
3	8	6	3
4	5	9	2
5	3	2	5
6	4	3	8
7	8	7	1
8	2	1	4
9	3	4	3
10	1	1	8
11	5	6	2
12	3	1	7
13	5	8	4
14	1	2	1
15	2	1	9

第4章　やさしい相関分析のススメ

統計力 4.6.3

次の空欄（□）をうめて下さい。

$$\frac{(x_1-\bar{x})(y_1-\bar{y})+\cdots+(x_N-\bar{x})(y_N-\bar{y})}{\sqrt{(x_1-\bar{x})^2+\cdots+(x_N-\bar{x})^2}\sqrt{(y_1-\bar{y})^2+\cdots+(y_N-\bar{y})^2}}$$

$$=\frac{\Box\Box-\Box\bar{y}-\bar{x}\Box+\bar{x}\bar{y}+\cdots+\Box\Box-\Box\bar{y}-\bar{x}\Box+\bar{x}\bar{y}}{\sqrt{\Box^2+\bar{x}^2-2\Box\bar{x}+\cdots+\Box^2+\bar{x}^2-2\Box\bar{x}}\sqrt{\Box^2+\bar{y}^2-2\Box\bar{y}+\cdots+\Box^2+\bar{y}^2-2\Box\bar{y}}}$$

$$=\frac{\Box\Box+\cdots+\Box\Box-(\Box+\cdots+\Box)\bar{y}-\bar{x}(\Box+\cdots+\Box)+N\bar{x}\bar{y}}{\sqrt{\Box^2+\cdots+\Box^2+N\bar{x}^2-2(\Box+\cdots+\Box)\bar{x}}\sqrt{\Box^2+\cdots+\Box^2+N\bar{y}^2-2(\Box+\cdots+\Box)\bar{y}}}$$

$$=\frac{\sum_{i=1}^{N}\Box\Box-N\bar{x}\bar{y}-N\bar{x}\bar{y}+N\bar{x}\bar{y}}{\sqrt{\sum_{i=1}^{N}\Box^2+N\bar{x}^2-2N\bar{x}\bar{x}}\sqrt{\sum_{i=1}^{N}\Box^2+N\bar{y}^2-2N\bar{y}\bar{y}}}$$

$$=\frac{\sum_{i=1}^{N}\Box\Box-N\bar{x}\bar{y}}{\sqrt{\sum_{i=1}^{N}\Box^2-N\bar{x}^2}\sqrt{\sum_{i=1}^{N}\Box^2-N\bar{y}^2}}$$

$$=\frac{\sum_{i=1}^{N}\Box\Box-N\cdot\dfrac{\sum_{i=1}^{N}\Box}{N}\dfrac{\sum_{i=1}^{N}\Box}{N}}{\sqrt{\sum_{i=1}^{N}\Box^2-N\left(\dfrac{\sum_{i=1}^{N}\Box}{N}\right)^2}\sqrt{\sum_{i=1}^{N}\Box^2-N\left(\dfrac{\sum_{i=1}^{N}\Box}{N}\right)^2}}$$

$$=\frac{N\sum_{i=1}^{N}\Box\Box-\left(\sum_{i=1}^{N}\Box\right)\left(\sum_{i=1}^{N}\Box\right)}{\sqrt{N\sum_{i=1}^{N}\Box^2-\left(\sum_{i=1}^{N}\Box\right)^2}\sqrt{N\sum_{i=1}^{N}\Box^2-\left(\sum_{i=1}^{N}\Box\right)^2}}$$

落ち着いてやれば楽勝だよ！

第5章

やさしい回帰分析の
ススメ

この章では
- 回帰直線
- 決定係数
- 回帰直線による予測

といった
<u>単回帰分析</u>
について学びます。

第 5 章　やさしい回帰分析のススメ

5.0 はじめに

　2 つの変数 x と y の間に密接な関係があることがわかったら，その関係を数式に表現してみたいと思いませんか？

　そのときに有効な手法が回帰分析です。

　回帰とは

$$\text{"regression"}$$

の訳で，

$$\text{"中心にもどってくる"}$$

という意味をもっています。

　例えば，父親の身長と息子の身長の間には，正の相関があります。

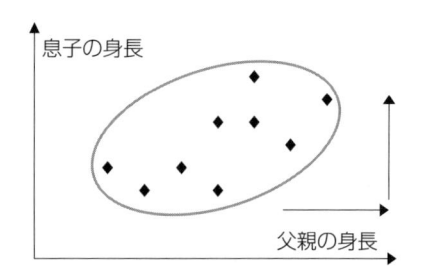

図 5.0.1　散布図

　したがって，背の高い父親から背の高い息子が生まれてきますが，この関係がいつまでも続くのであれば，背の高い家系はどんどん高くなり，逆に，背の低い家系はどんどん低くなってしまいます。

　実際にはそのようにはならず，背の高い父親の息子も背の低い父親の息子も平均値に"回帰"します。

　心理系のデータを使って回帰直線の式を求めてみましょう。

> 回帰は英国の優生学の権威ゴールトンが考案したといわれているプ。

5.0 はじめに

■ 心理系のデータ

例 5.0.1

次のデータは,女子大学生 12 人と男子大学生 12 人を対象におこなったロボットに関するアンケート調査の結果です。

アンケート調査票

項目 1　あなたの身長をおたずねします。

　　　身長　____ cm

項目 2　あなたはどのくらいの高さのロボットがいいですか?

　　　ロボットの高さ　____ cm

表 5.0.1　女子大学生のグループ

被験者 No.	身長	ロボットの高さ
1	145	42
2	158	58
3	151	46
4	149	43
5	165	56
6	158	57
7	146	30
8	163	58
9	157	39
10	142	38
11	163	51
12	175	64

表 5.0.2　男子大学生のグループ

被験者 No.	身長	ロボットの高さ
1	174	64
2	187	81
3	183	75
4	163	41
5	171	56
6	166	45
7	175	47
8	168	52
9	172	65
10	184	86
11	162	74
12	171	52

身長とロボットの高さの間に何か関連は?

5.1 回帰直線とは？

表 5.0.1 の 2 つの変数　身長とロボットの高さ　の散布図は次のようになります。

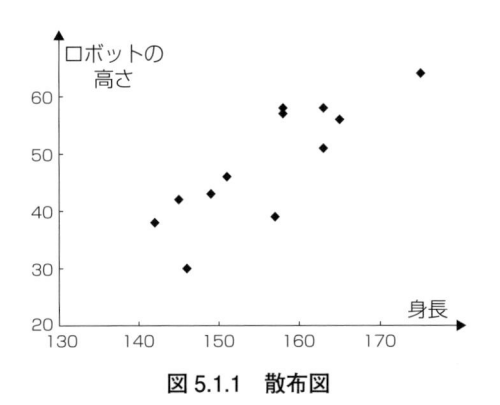

図 5.1.1　散布図

右上りだプ！
回帰直線
= regression line

回帰直線は，この散布図の上に引かれた次のような直線のことです。

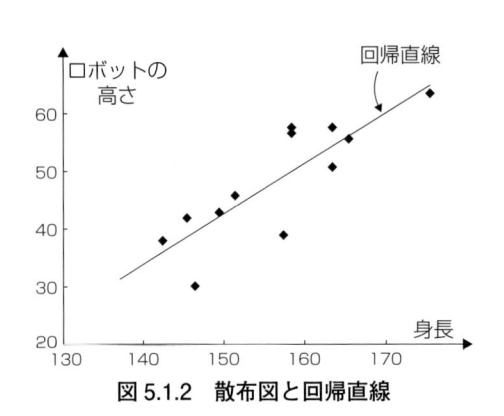

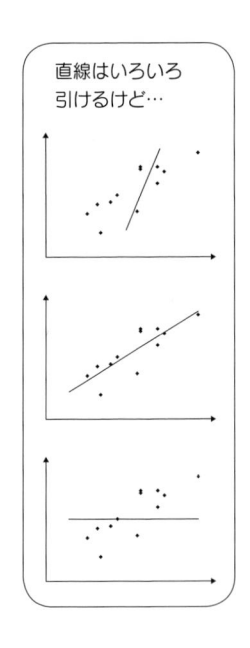

図 5.1.2　散布図と回帰直線

直線はいろいろ引けるけど…

5.2 回帰直線の求め方!

この回帰直線は,どのように求められてるのでしょうか?

ここで,実測値と予測値という2つの概念を導入しましょう。

表 5.2.1 実測値,予測値

被験者 No.	身長 x	ロボットの高さ y	実測値 y	予測値 Y
1	145	42	42	$a + b \times 145$
2	158	58	58	$a + b \times 158$
3	151	46	46	$a + b \times 151$
4	149	43	43	$a + b \times 149$
5	165	56	56	$a + b \times 165$
6	158	57	57	$a + b \times 158$
7	146	30	30	$a + b \times 146$
8	163	58	58	$a + b \times 163$
9	157	39	39	$a + b \times 157$
10	142	38	38	$a + b \times 142$
11	163	51	51	$a + b \times 163$
12	175	64	64	$a + b \times 175$

切片 a のことを定数項,傾き b のことを回帰係数ともいうブ!

つまり,**予測値**とは直線の式を

$$Y = a + bx$$

としたとき,独立変数 x に年齢を代入した値 Y のことです。

実測値と予測値とをグラフに表すと,次のようになります。

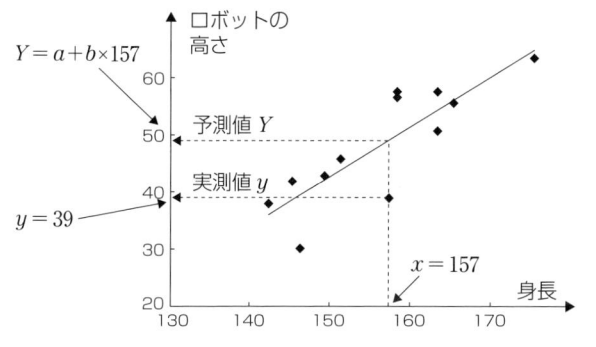

図 5.2.1 実測値と予測値

残差(residual)のことを誤差ともいうブ!

そこで，残差を

$$残差 = 実測値 - 予測値$$

と定義し，各点における残差が最小になるような a と b を求めます。

表 5.2.2　実測値，予測値，残差

被験者 No.	身長 x	ロボットの高さ y	実測値 y	予測値 Y	残差 $y - Y$
1	145	42	42	$a + b \times 145$	$42 - (a + b \times 145)$
2	158	58	58	$a + b \times 158$	$58 - (a + b \times 158)$
3	151	46	46	$a + b \times 151$	$46 - (a + b \times 151)$
4	149	43	43	$a + b \times 149$	$43 - (a + b \times 149)$
5	165	56	56	$a + b \times 165$	$56 - (a + b \times 165)$
6	158	57	57	$a + b \times 158$	$57 - (a + b \times 158)$
7	146	30	30	$a + b \times 146$	$30 - (a + b \times 146)$
8	163	58	58	$a + b \times 163$	$58 - (a + b \times 163)$
9	157	39	39	$a + b \times 157$	$39 - (a + b \times 157)$
10	142	38	38	$a + b \times 142$	$38 - (a + b \times 142)$
11	163	51	51	$a + b \times 163$	$51 - (a + b \times 163)$
12	175	64	64	$a + b \times 175$	$64 - (a + b \times 175)$

ところで，この残差は点と直線の状態によって，プラスになったりマイナスになったりします。

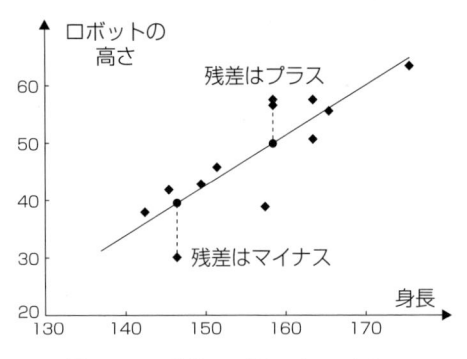

図 5.2.2　残差のプラスとマイナス

切片 = intercept
傾き = slope

5.2 回帰直線の求め方!

そこで,回帰直線の切片 a と傾き b を求めるときには

$$残差の2乗和$$

が最小になる a と b を求めます。

$$
\begin{aligned}
残差の2乗和 = \ & \{42 - (a + b \times 145)\}^2 \\
+ & \{58 - (a + b \times 158)\}^2 \\
+ & \{46 - (a + b \times 151)\}^2 \\
+ & \{43 - (a + b \times 149)\}^2 \\
+ & \{56 - (a + b \times 165)\}^2 \\
+ & \{57 - (a + b \times 158)\}^2 \\
+ & \{30 - (a + b \times 146)\}^2 \\
+ & \{58 - (a + b \times 163)\}^2 \\
+ & \{39 - (a + b \times 157)\}^2 \\
+ & \{38 - (a + b \times 142)\}^2 \\
+ & \{51 - (a + b \times 163)\}^2 \\
+ & \{64 - (a + b \times 175)\}^2
\end{aligned}
$$

この方法を

最小2乗法

といいます。

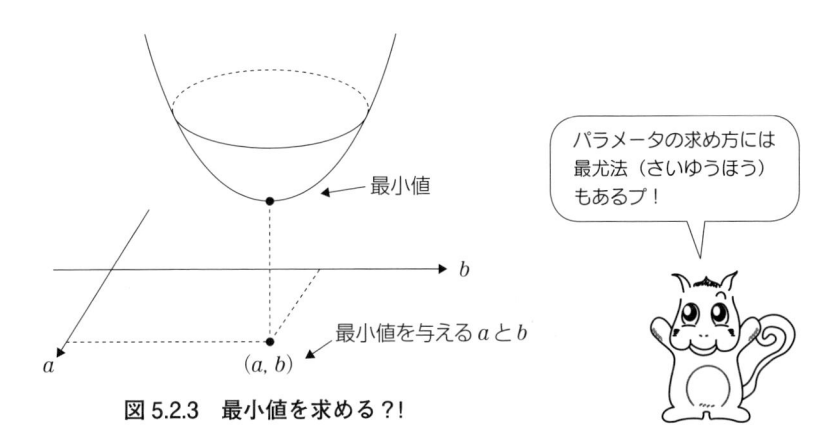

図 5.2.3 最小値を求める?!

パラメータの求め方には最尤法(さいゆうほう)もあるプ!

5.3 回帰直線の公式と例題

■ 公式 —回帰直線—

❶次のような表を用意します。

表 5.3.1 データの型

No.	データ x	データ y	x^2	y^2	xy
1	x_1	y_1	x_1^2	y_1^2	$x_1 y_1$
2	x_2	y_2	x_2^2	y_2^2	$x_2 y_2$
⋮	⋮	⋮	⋮	⋮	⋮
i	x_i	y_i	x_i^2	y_i^2	$x_i y_i$
⋮	⋮	⋮	⋮	⋮	⋮
N	x_N	y_N	x_N^2	y_N^2	$x_N y_N$
合計	$\sum_{i=1}^{N} x_i$	$\sum_{i=1}^{N} y_i$	$\sum_{i=1}^{N} x_i^2$	$\sum_{i=1}^{N} y_i^2$	$\sum_{i=1}^{N} x_i y_i$

x の平方和　y の平方和　x と y の積和

❷表 5.3.1 の合計を使って，傾き b，切片 a を計算します。

$$\text{傾き } b = \frac{N \cdot \left(\sum_{i=1}^{N} x_i y_i \right) - \left(\sum_{i=1}^{N} x_i \right) \cdot \left(\sum_{i=1}^{N} y_i \right)}{N \cdot \left(\sum_{i=1}^{N} x_i^2 \right) - \left(\sum_{i=1}^{N} x_i \right)^2}$$

$$\text{切片 } a = \frac{\left(\sum_{i=1}^{N} x_i^2 \right) \cdot \left(\sum_{i=1}^{N} y_i \right) - \left(\sum_{i=1}^{N} x_i y_i \right) \cdot \left(\sum_{i=1}^{N} x_i \right)}{N \cdot \left(\sum_{i=1}^{N} x_i^2 \right) - \left(\sum_{i=1}^{N} x_i \right)^2}$$

•••• ★ Excel を利用するときは ★ ••••••••••••••••••••

SLOPE ＝直線の傾き b

INTERCEPT ＝直線の切片 a

5.3 回帰直線の公式と例題

■ 例題 —回帰直線—

❶ 例 5.0.1 のデータから,次のような表を用意します。

表 5.3.2 データと統計量

被験者 No.	身長 x	ロボットの高さ y	x^2	y^2	xy
1	145	42	21025	1764	6090
2	158	58	24964	3364	9164
3	151	46	22801	2116	6946
4	149	43	22201	1849	6407
5	165	56	27225	3136	9240
6	158	57	24964	3249	9006
7	146	30	21316	900	4380
8	163	58	26569	3364	9454
9	157	39	24649	1521	6123
10	142	38	20164	1444	5396
11	163	51	26569	2601	8313
12	175	64	30625	4096	11200
合計	1872	582	293072	29404	91719

x の平方和　y の平方和　x と y の積和

❷ 表 5.3.2 の合計を使って,傾き b,切片 a を計算します。

$$傾き\ b = \frac{12 \times 91719 - 1872 \times 582}{12 \times 293072 - (1872)^2}$$

$$= 0.891$$

$$切片\ a = \frac{293072 \times 582 - 91719 \times 1872}{12 \times 293072 - (1872)^2}$$

$$= -90.550$$

したがって,回帰直線の式は

$$Y = -90.550 + 0.891x$$

となります。

> ここでは y の平方和 $\sum_{i=1}^{N} y_i^2$ は使わないよ。

5.4
回帰直線の当てはまりの良さとは？

5.3 節で求めた回帰直線を使って身長からロボットの高さを予測することができます。

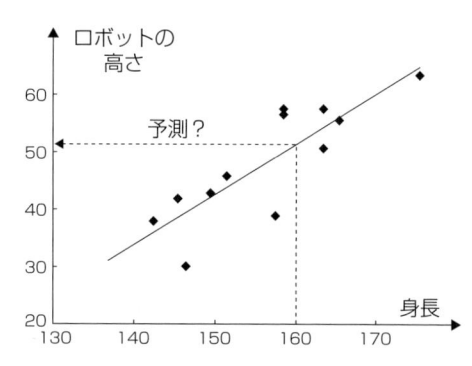

図 5.4.1　回帰直線の当てはまり？

ただし，その前に調べておかなければならないことがあります。それは

回帰直線の当てはまりの良さ

です。

当てはまりが良いか悪いかは，実測値と予測値の関係から調べられます。

表 5.4.1　実測値と予測値

被験者 No.	身長 x	実測値 y	予測値 Y
1	145	42	38.7
2	158	58	50.3
3	151	46	44.0
4	149	43	42.3
5	165	56	56.5
6	158	57	50.3
7	146	30	39.6
8	163	58	54.7
9	157	39	49.4
10	142	38	36.0
11	163	51	54.7
12	175	64	65.4

5.4 回帰直線の当てはまりの良さとは？

4章で勉強した相関係数を思い出しましょう！
そこで，実測値と予測値の相関係数を計算してみると
$$\text{実測値と予測値の相関係数} = 0.8379$$
になります。

このように相関係数が1に近いほど，予測値は実測値に近づいていると考えられますから，この相関係数を用いて
$$\text{回帰直線の当てはまりの良さ}$$
を定義することができます。

実際には
$$\text{実測値と予測値の相関係数の2乗}$$
という統計量を用います。
$$\textbf{決定係数 } R^2 = \text{実測値と予測値の相関係数の2乗}$$
と定義し，
$$\text{決定係数 } R^2 \text{ が1に近いほど，回帰直線の当てはまりが良い}$$
とします。

例えば，**例 5.0.1** の女子大学生のグループの場合，身長とロボットの高さの決定係数 R^2 は
$$R^2 = (0.8379)^2$$
$$= 0.7020$$
となります。
この決定係数 $R^2 = 0.7020$ は1に近いので，求めた回帰直線
$$\text{ロボットの高さ} = -90.550 + 0.891 \times \text{身長}$$
は，データによく当てはまっていると考えられます。

> 相関係数は
> $-1 \leqq r \leqq 1$
> なので，
> 2乗するのだプ

第5章 やさしい回帰分析のススメ

5.5 回帰直線による予測とは？

身長とロボットの高さの回帰直線
$$ロボットの高さ = -90.550 + 0.891 \times 身長$$
が求まったので，
$$身長 = 160$$
の女子大学生が考えるロボットの高さを予測してみましょう。

回帰直線の式に，
$$身長 = 160$$
を代入すると，
$$ロボットの高さ = -90.550 + 0.891 \times 160$$
$$= 52.01$$
となります。

したがって，
　身長 160 cm の女子大学生の考えるロボットの高さは 52.01 cm であると予測することができます。

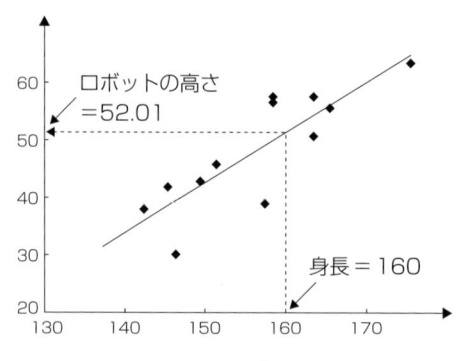

図 5.5.1　回帰直線による予測

5.6 統計力を高めましょう

統計力 5.6.1

次のデータは，男子小学生 14 人を対象におこなったロボットについてのアンケート調査の結果です。

ロボットの幅（cm）を独立変数 x，ロボットの高さ（cm）を従属変数 y として回帰直線と決定係数を求めて下さい。

表 5.6.1 男子小学生のグループ

被験者 No.	ロボットの幅 x	ロボットの高さ y	x^2	y^2	xy
1	24	62			
2	32	85			
3	32	99			
4	64	90			
5	44	60			
6	23	64			
7	34	72			
8	52	90			
9	29	65			
10	47	89			
11	14	61			
12	33	85			
13	20	66			
14	32	56			
合計					

表 5.6.1 の合計を使って，傾き b，切片 a を計算します。

$$傾き\ b = \frac{\boxed{} \times \boxed{} - \boxed{} \times \boxed{}}{\boxed{} \times \boxed{} - \boxed{}^2} = \boxed{}$$

$$切片\ a = \frac{\boxed{} \times \boxed{} - \boxed{} \times \boxed{}}{\boxed{} \times \boxed{} - \boxed{}^2} = \boxed{}$$

したがって，回帰直線の式は

$$Y = \boxed{} + \boxed{} \times x$$

となります。

第5章 やさしい回帰分析のススメ

表5.6.2の予測値Yを計算し，実測値yと予測値Yの相関係数rを求めます。

表5.6.2

被験者 No.	実測値 y	予測値 Y	y^2	Y^2	yY
1	62				
2	85				
3	99				
4	90				
5	60				
6	64				
7	72				
8	90				
9	65				
10	89				
11	61				
12	85				
13	66				
14	56				
合計					

相関係数 $r = \dfrac{\Box \times \Box - \Box \times \Box}{\sqrt{\Box \times \Box - \Box^2}\sqrt{\Box \times \Box - \Box^2}} = \Box$

決定係数 $R^2 = \Box^2 = \Box$

統計力 5.6.2

次のデータは，男子高校生16人を対象におこなったロボットとの距離(cm)とそのときのアミラーゼ値を測定した実験結果です。

ロボットとの距離を独立変数x，アミラーゼ値を従属変数yとして回帰直線と決定係数を求めて下さい。

表5.6.3　男子高校生のグループ

被験者 No.	1	2	3	4	5	6	7	8
ロボットとの距離	84	76	125	92	85	116	137	67
アミラーゼ値	48	52	19	89	30	14	7	58

被験者 No.	9	10	11	12	13	14	15	16
ロボットとの距離	49	107	77	26	129	43	60	143
アミラーゼ値	65	27	73	40	12	43	65	16

第6章
度数分布表とヒストグラムのススメ

この章では
- 度数分布表
- ヒストグラム

といった
<u>データの分布</u>
について学びます。

第6章　度数分布表とヒストグラムのススメ

6.0
はじめに

　統計処理をしようとしたとき，データの数があまりにも多いとどうすればよいか，とまどってしまいます。

　このようなときは度数分布表を作成してみましょう。

　度数分布表の目的は

　　　　　データを要約すること

です。

　ヒストグラムの目的は

　　　　　データの分布や状態を見ること

です。

　この度数分布表やヒストグラムは，7章の確率分布へと発展します。

> 度数分布
> = frequency distribution
> 度数分布表
> = frequency table
> ヒストグラム
> = histogram

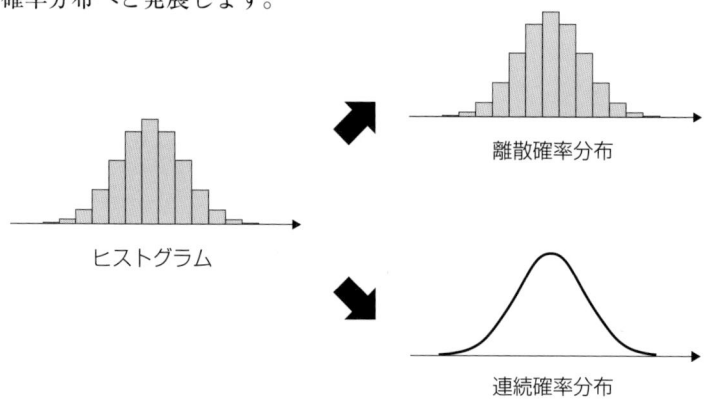

図 6.0.1　ヒストグラムから確率分布へ

　心理系のデータを使って，度数分布表やヒストグラムを実際に作成してみましょう。

> グラム…gram
> =
> 描く

6.0 はじめに

■ 心理系のデータ

例 6.0.1

次のデータは，大学生 100 人を対象に，ロボットに触れたことがある 50 人のグループと，ロボットに触れたことがない 50 人のグループに分け，ロボットとの距離をたずねたアンケート調査の結果です。

アンケート調査票

項目 1　あなたはロボットとの距離はどのくらいがいいと思いますか？

　　　　ロボットとの距離 ＿＿＿＿＿ cm

表 6.0.1　触れたことがないグループ

被験者 No.	ロボットとの距離	被験者 No.	ロボットとの距離
1	171	26	205
2	202	27	191
3	190	28	203
4	179	29	164
5	161	30	177
6	196	31	204
7	210	32	165
8	182	33	173
9	195	34	198
10	163	35	226
11	219	36	153
12	173	37	214
13	224	38	209
14	135	39	186
15	193	40	199
16	176	41	158
17	152	42	188
18	197	43	173
19	149	44	141
20	200	45	185
21	196	46	207
22	176	47	143
23	218	48	226
24	172	49	156
25	208	50	174

表 6.0.2　触れたことがあるグループ

被験者 No.	ロボットとの距離	被験者 No.	ロボットとの距離
1	135	26	132
2	114	27	130
3	127	28	143
4	153	29	106
5	137	30	134
6	109	31	119
7	185	32	146
8	164	33	128
9	176	34	122
10	157	35	106
11	108	36	150
12	195	37	141
13	167	38	160
14	186	39	136
15	126	40	161
16	193	41	110
17	155	42	136
18	148	43	163
19	123	44	152
20	197	45	115
21	159	46	123
22	119	47	175
23	142	48	131
24	177	49	122
25	150	50	167

第6章 度数分布表とヒストグラムのススメ

6.1
度数分布表とは？

度数分布表の目的は，データの要約です。

そこで，データを**階級**と呼ばれるいくつかの区間に分け，次のような表にまとめます。

階級の幅は区切りの良い値にするのだプ！

表 6.1.1 度数分布表

階級	階級値	度数	相対度数	累積度数	累積相対度数
～					
～					
～					
～					
～					
	合計				

表 6.0.1 のロボットに触れたことがないグループの場合，

$$最小値 = 135 \qquad 最大値 = 226$$

なので，階級は 130 から 230 までの 5 つの区間に分けることにします。

表 6.1.2 度数分布表を作成する…

階級	階級値	度数	相対度数	累積度数	累積相対度数
130～150					
150～170					
170～190					
190～210					
210～230					
	合計				

この区間に含まれるデータの個数を**度数**といいます。

度数を数えるときには，データを大きさの順に並べておくと便利ですね。

表6.0.1 と表6.0.2 のデータを大きさの順に並べ替えると，次のようになります。

表6.1.3　触れたことがないグループ

被験者No.	ロボットとの距離	被験者No.	ロボットとの距離
14	135	42	188
44	141	3	190
47	143	27	191
19	149	15	193
17	152	9	195
36	153	21	196
49	156	6	196
41	158	18	197
5	161	34	198
10	163	40	199
29	164	20	200
32	165	2	202
1	171	28	203
24	172	31	204
12	173	26	205
33	173	46	207
43	173	25	208
50	174	38	209
16	176	7	210
22	176	37	214
30	177	23	218
4	179	11	219
8	182	13	224
45	185	48	226
39	186	35	226

表6.1.4　触れたことがあるグループ

被験者No.	ロボットとの距離	被験者No.	ロボットとの距離
29	106	23	142
35	106	28	143
11	108	32	146
6	109	18	148
41	110	25	150
2	114	36	150
45	115	44	152
22	119	4	153
31	119	17	155
34	122	10	157
49	122	21	159
19	123	38	160
46	123	40	161
15	126	43	163
3	127	8	164
33	128	13	167
27	130	50	167
48	131	47	175
26	132	9	176
30	134	24	177
1	135	7	185
39	136	14	186
42	136	16	193
5	137	12	195
37	141	20	197

- 度数分布表の作り方はいろいろあります。
- 階級 130〜150 を
  $130 \leq x < 150$ とする場合と $130 < x \leq 150$ とする場合の 2 通りがあります。

第6章 度数分布表とヒストグラムのススメ

ロボットに触れたことがない50人のグループの度数分布表は次のようになります。度数の多い階級にデータの特徴が現れます。

表 6.1.5 ロボットに触れたことがないグループの度数分布表

階級	階級値	度数	相対度数	累積度数	累積相対度数
130〜150	140	4	0.08	4	0.08
150〜170	160	8	0.16	12	0.24
170〜190	180	15	0.30	27	0.54
190〜210	200	17	0.34	44	0.88
210〜230	220	6	0.12	50	1.00
合計		50	1.00		

ロボットに触れたことがある50人のグループの度数分布表は次のようになります。分布のバラツキにも注目しましょう。

表 6.1.6 ロボットに触れたことがあるグループの度数分布表

階級	階級値	度数	相対度数	累積度数	累積相対度数
100〜120	110	9	0.18	9	0.18
120〜140	130	15	0.30	24	0.48
140〜160	150	13	0.26	37	0.74
160〜180	170	8	0.16	45	0.90
180〜200	190	5	0.10	50	1.00
合計		50	1.00		

ところで、階級の個数をいくつにすればよいのかという問題は、昔から多くの人々を悩ましてきました。

階級の個数を決める目安の一つに、スタージェスの公式がありますが、階級の数は5〜10程度が一般的ですね。

> 階級の数 n をどのように決めるのかという問題については"スタージェスの公式"
> $$n \fallingdotseq 1 + \frac{\log_{10} N}{\log_{10} 2}$$
> があるプ！

6.2 ヒストグラムとは？

■ ヒストグラム

統計処理の第一歩はグラフ表現です。度数分布表をグラフで表現してみましょう。

このグラフ表現のことを**ヒストグラム**といいます。

ロボットに触れたことがないグループ50人のヒストグラムは次のようになります。

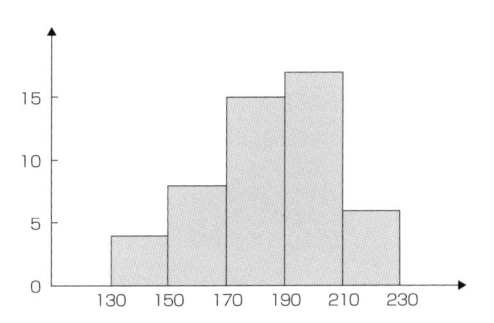

図6.2.1　ロボットに触れたことがないグループ

このヒストグラムの特徴は？

ロボットに触れたことがある50人のグループのヒストグラムは次のようになります。

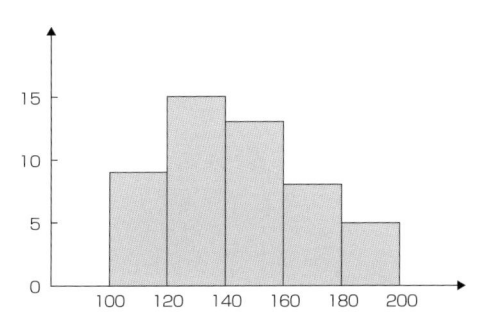

図6.2.2　ロボットに触れたことがあるグループ

このヒストグラムの特徴は？

第 6 章　度数分布表とヒストグラムのススメ

■ **ヒストグラムから読み取れること**

ヒストグラムには，いろいろな形があります。
その基本となるヒストグラムは，正規分布のグラフです。
正規分布は富士山のような形をした左右対称のグラフです。
正規分布は 7 章で学びます。

❶正規分布に比べて，山が左によっているヒストグラム

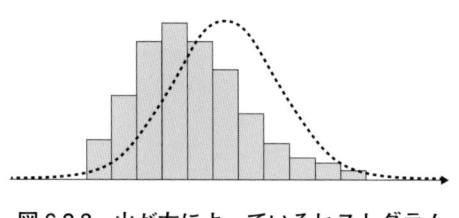

図 6.2.3　山が左によっているヒストグラム

> スソが右に長い
> という表現も
> あります。

❷正規分布のようなヒストグラム

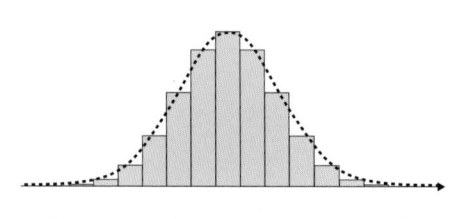

図 6.2.4　正規分布のようなヒストグラム

> 正規分布は
> 第 7 章で
> 学びます。

❸正規分布に比べて，山が右によっているヒストグラム

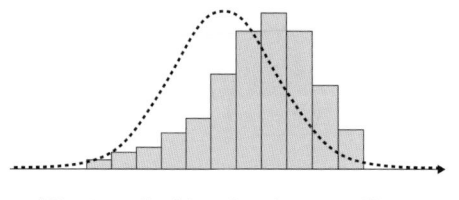

図 6.2.5　山が右によったヒストグラム

> スソが左に長い
> という表現も
> あります。

6.2 ヒストグラムとは？

❹ 正規分布に比べて，山がなだらかなヒストグラム

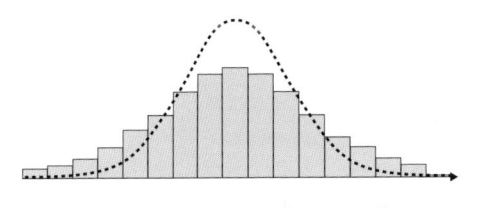

図 6.2.6　山がなだらかなヒストグラム

スソが長いという表現もあります。

❺ 正規分布に比べて，山がとがっているヒストグラム

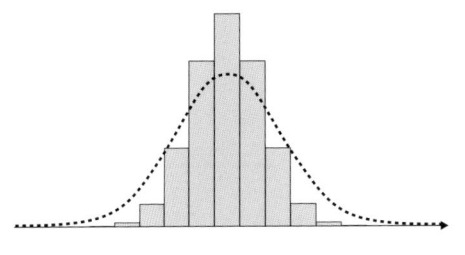

図 6.2.7　山がとがっているヒストグラム

スソが短いという表現もあります。

ところで……。
次のような性質をもった数字を
確率といいます。
　(1) $p_1 \geq 0, \ p_2 \geq 0, \ \cdots, \ p_n \geq 0$
　(2) $p_1 + p_2 + \cdots + p_n = 0$
したがって，相対度数は確率と
同じですね！

6.3 度数分布表の公式と例題

■ 公式 ―度数分布表の作り方―

❶ データの最大値と最小値を探します。

❷ 最大値−最小値を範囲 R といい，この範囲を n 個の等間隔の階級に分割します。

❸ n 個の階級

$$a_0 \sim a_1, \quad a_1 \sim a_2, \quad \cdots, \quad a_{n-1} \sim a_n$$

を

$$a_1 = a_0 + \frac{R}{n}, \quad a_2 = a_1 + \frac{R}{n}, \quad \cdots, \quad a_n = a_{n-1} + \frac{R}{n}$$

として，各階級に属するデータの個数を数え上げると度数分布表の出来上りです。

> 範囲 = range
> 相対度数 = relative frequency

表 6.3.1　度数分布表の公式

階級	階級値	度数	相対度数	累積度数	累積相対度数
$a_0 \sim a_1$	m_1	f_1	$\dfrac{f_1}{N}$	f_1	$\dfrac{f_1}{N}$
$a_1 \sim a_2$	m_2	f_2	$\dfrac{f_2}{N}$	$f_1 + f_2$	$\dfrac{f_1 + f_2}{N}$
$\vdots$	$\vdots$	$\vdots$	$\vdots$	$\vdots$	$\vdots$
$a_{n-1} \sim a_n$	m_n	f_n	$\dfrac{f_n}{N}$	$f_1 + f_2 + \cdots + f_n$	$\dfrac{f_1 + f_2 + \cdots + f_n}{N}$
合計		N	1		

- 各階級に度数の和

$$f_1, \; f_1 + f_2, \; \cdots, \; f_1 + f_2 + \cdots + f_n$$

を対応させたものを累積度数というプ！

- 度数 f_i や累積度数 $f_1 + f_2 + \cdots + f_i$ を総度数 $N = f_1 + f_2 + \cdots + f_n$ で割った

$$\frac{f_i}{N}, \quad \frac{f_1 + f_2 + \cdots + f_i}{N}$$

を，相対度数，累積相対度数というプ！

6.3 度数分布表の公式と例題

■ 例題 —度数分布表の作り方—

❶ 例 6.0.1 のデータのうち,
ロボットに触れたことがないグループの中から
データの最大値と最小値を探します。

$$\text{最大値} = 226, \text{最小値} = 135$$

❷ 次に範囲を求めます。

$$\text{範囲 } R = 226 - 135 = 91$$

階級の幅を,区切りのよいところで

$$\frac{100}{5} = 20$$

のように決めます。

したがって,階級は次のようになります。

> $a_0 \leq$ 最小値
>   最大値 $\leq a_n$
> とします。
> $a_i <$ データ $\leq a_{i+1}$
> とします。

表 6.3.2 階級を決めて,度数を数える

階級	階級値	度数	相対度数	累積度数	累積相対度数
130〜150	140				
150〜170	160				
170〜190	180				
190〜210	200				
210〜230	220				
	合計				

❸ あとは各階級に含まれるデータの個数を数え上げると,
次のような度数分布表が出来上ります。

表 6.3.3 度数分布表の完成

階級	階級値	度数	相対度数	累積度数	累積相対度数
130〜150	140	4	0.08	4	0.08
150〜170	160	8	0.16	12	0.24
170〜190	180	15	0.30	27	0.54
190〜210	200	17	0.34	44	0.88
210〜230	220	6	0.12	50	1.00
	合計	50	1.00		

6.4 統計力を高めましょう

統計力 6.4.1

次のデータは，大学生 80 人を対象に赤色系統の室内で作業をおこなったときの作業時間（分）を測定した結果です。

度数分布表とヒストグラムを作成して下さい。

表 6.4.1　赤色系統と作業時間

被験者No.	作業時間	被験者No.	作業時間	被験者No.	作業時間	被験者No.	作業時間
1	55	21	71	41	48	61	41
2	54	22	55	42	70	62	48
3	60	23	57	43	48	63	63
4	56	24	51	44	62	64	66
5	42	25	49	45	47	65	43
6	57	26	50	46	59	66	35
7	69	27	37	47	37	67	48
8	43	28	83	48	52	68	46
9	57	29	60	49	38	69	66
10	75	30	32	50	55	70	42
11	63	31	60	51	72	71	49
12	61	32	50	52	53	72	62
13	56	33	52	53	57	73	51
14	42	34	60	54	46	74	58
15	60	35	56	55	40	75	64
16	49	36	50	56	52	76	36
17	49	37	61	57	53	77	62
18	53	38	52	58	59	78	73
19	45	39	73	59	47	79	88
20	44	40	58	60	50	80	62

データが多いとちょっと大変だプ〜

6.4 統計力を高めましょう

統計力 6.4.2

次のデータは，大学生80人を対象に緑色系統の室内で作業をおこなったときの作業時間（分）を測定した結果です。

度数分布表とヒストグラムを作成して下さい。

表6.4.2　緑色系統と作業時間

被験者No.	作業時間	被験者No.	作業時間	被験者No.	作業時間	被験者No.	作業時間
1	39	21	54	41	38	61	33
2	40	22	43	42	55	62	40
3	47	23	49	43	41	63	54
4	42	24	37	44	51	64	51
5	35	25	68	45	48	65	30
6	45	26	38	46	46	66	25
7	57	27	26	47	65	67	69
8	34	28	67	48	44	68	36
9	46	29	51	49	63	69	53
10	58	30	68	50	41	70	26
11	45	31	47	51	58	71	42
12	48	32	38	52	44	72	52
13	44	33	67	53	50	73	43
14	30	34	49	54	35	74	49
15	51	35	47	55	29	75	56
16	39	36	34	56	65	76	27
17	40	37	46	57	59	77	51
18	45	38	36	58	45	78	46
19	54	39	60	59	39	79	49
20	36	40	47	60	64	80	46

赤色と緑色の場合で作業時間に違いがあるかどうか比較してみるプ！

第7章

確率分布と正規分布のススメ

この章では
- 確率分布
- 離散確率分布　2項分布
　　超幾何分布　ポアソン分布
- 連続確率分布　正規分布
　　標準正規分布

について学びます。

第 7 章　確率分布と正規分布のススメ

7.0
はじめに

統計を勉強するときの大きなカベ，それは…

　　　確率とは？
　　　確率分布とは？
　　　正規分布とは？

実は確率も確率分布も，その概念はすでに学んでいます。
6 章で勉強した，次の度数分布表を思い出しましょう。

表 7.0.1　[表 6.1.5]

階級	階級値	度数	相対度数	累積度数	累積相対度数
130〜150	140	4	0.08	4	0.08
150〜170	160	8	0.16	12	0.24
170〜190	180	15	0.30	27	0.54
190〜210	200	17	0.34	44	0.88
210〜230	220	6	0.12	50	1.00

表 7.0.2　[表 6.1.6]

階級	階級値	度数	相対度数	累積度数	累積相対度数
100〜120	110	9	0.18	9	0.18
120〜140	130	15	0.30	24	0.48
140〜160	150	13	0.26	37	0.74
160〜180	170	8	0.16	45	0.90
180〜200	190	5	0.10	50	1.00

この度数分布表の中に確率と確率分布の概念が隠れています。
この表の中の相対度数の部分が確率です。
そして，階級値と相対度数の対応関係が確率分布になります。

7.0 はじめに

ところで，確率分布は大きく分けて

　　　　　　　　離散確率分布　と　連続確率分布

の2つに分類されます。

"離散"とはサイコロの目のように

　　　　　　　　1　2　3　4　5　6

と，変数の値が飛び飛びの値になっている状態のことです。

このようなときに，離散変数という言葉を使います。

例えば，表と裏なども　表＝1，裏＝0　とすれば，離散変数と考えられます。

また，ロボットの個数なども，5.2個などはありえませんから離散変数です。

したがって，離散確率分布とは
「離散的な変数と確率が対応している確率分布」
という意味です。

―豆テスト―
離散変数の
例を探しましょう。

"連続"とは，身長 174.1 cm や体重 81.4 kg のように変数の値が連続の値になっている状態のことです。

このようなとき，連続変数という言葉を使います。

例えば，ロボットの幅などは連続変数です。

また，時間や距離なども連続的に変化する変数です。

したがって，連続確率分布とは，
「連続的な変数と確率（密度）が対応している確率分布」
という意味です。

―豆テスト―
連続変数の
例を探しましょう。

第 7 章 確率分布と正規分布のススメ

正規分布については，まだ学んでいませんが，日本人にはおなじみの図です。

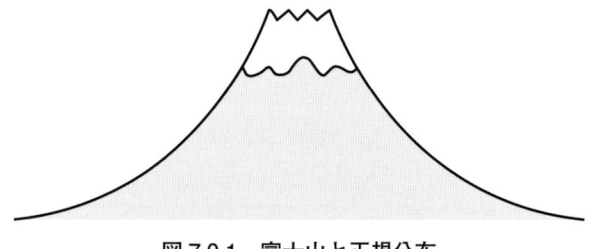

図 7.0.1　富士山と正規分布

正規分布や標準正規分布は，この富士山の形をした連続確率分布です。

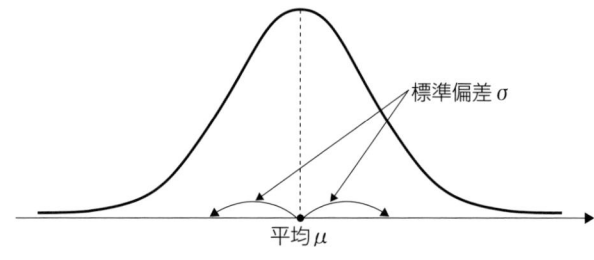

図 7.0.2　正規分布 $N(\mu, \sigma^2)$ の形

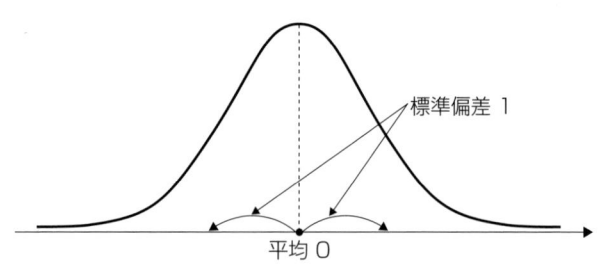

図 7.0.3　平均 0，標準偏差 1 の標準正規分布

7.0 はじめに

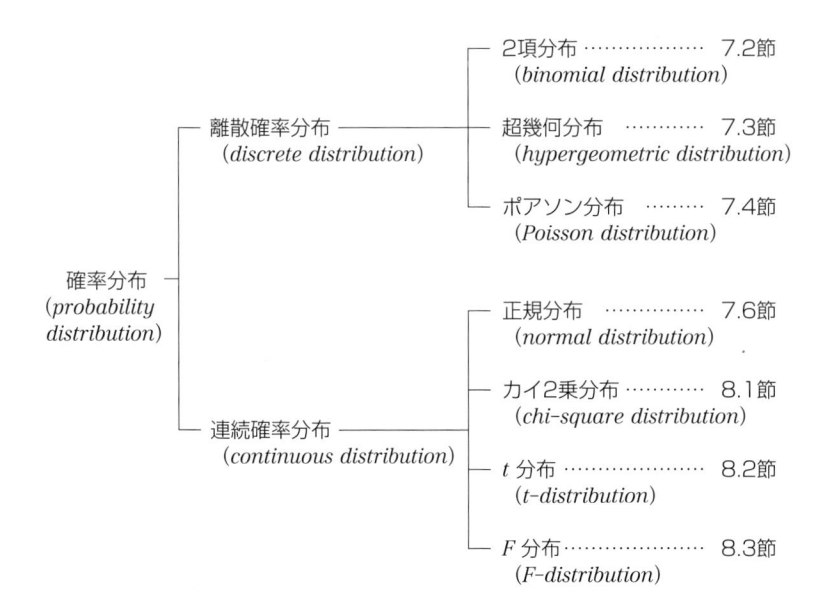

```
                        ┌─ 2項分布 ……………… 7.2節
                        │   (binomial distribution)
            ┌─ 離散確率分布 ─┼─ 超幾何分布 ………… 7.3節
            │  (discrete distribution) │   (hypergeometric distribution)
            │           └─ ポアソン分布 ……… 7.4節
            │               (Poisson distribution)
  確率分布 ─┤
(probability │           ┌─ 正規分布 …………… 7.6節
distribution)│           │   (normal distribution)
            │           ├─ カイ2乗分布 ………… 8.1節
            │           │   (chi-square distribution)
            └─ 連続確率分布 ─┤
               (continuous distribution)├─ t 分布 ……………… 8.2節
                        │   (t-distribution)
                        └─ F 分布……………… 8.3節
                            (F-distribution)
```

図 7.0.4 重要な確率分布のいろいろ

確率の定義

可測空間 (Ω, B) に対し，B に含まれる事象 A と実数 $P(A)$ が次の条件を満たすとき，
実数 $P(A)$ を事象 A の確率という。
(ⅰ) 事象 A に対し，$P(A) \geqq 0$
(ⅱ) $P(全事象) = 1$
(ⅲ) 事象 $A_1, A_2, \cdots$ の積集合 $A_i \cap A_j$ がすべて空集合ならば
$$P(A_1 \cup A_2 \cup \cdots) = P(A_1) + P(A_2) + \cdots$$

7.1 離散確率分布とは？

例 6.0.1 のロボットに触れたことがないグループの度数分布表を見てみましょう。すると…

表 7.1.1　[表 6.1.5]

階級	階級値	度数	相対度数	累積度数	累積相対度数
130〜150	140	4	0.08	4	0.08
150〜170	160	8	0.16	12	0.24
170〜190	180	15	0.30	27	0.54
190〜210	200	17	0.34	44	0.88
210〜230	220	6	0.12	50	1.00
合計		50	1.00		

相対度数は，次のような性質をもっています。
(1) 相対度数は，すべて正の値になっている。
(2) 相対度数の合計は，1になっている。

このような性質をもっている数値を**確率**といいます。確率と対応している変数を**確率変数**といいます。

したがって，表 7.1.1 の階級値は確率変数ですね。

そこで，階級値を確率変数に，相対度数を確率におきかえてみると，次のような表ができます。

このような確率変数と確率の対応関係を**離散確率分布**といいます。

> 確率
> = probability
> 確率変数
> = random variable

表 7.1.2　離散確率分布

確率変数 $X = x_i$	確率 $P(X = x_i)$
$x_1 = 140$	$P(X = x_1) = 0.08$
$x_2 = 160$	$P(X = x_2) = 0.16$
$x_3 = 180$	$P(X = x_3) = 0.30$
$x_4 = 200$	$P(X = x_4) = 0.34$
$x_5 = 220$	$P(X = x_5) = 0.12$

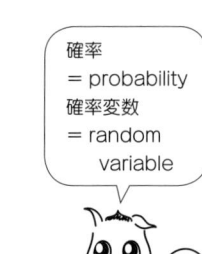

> 階級値↔相対度数
> 確率変数↔確率

7.1 離散確率分布とは？

■ **離散確率分布の平均と分散の定義**

次のような離散確率分布

表7.1.3 離散確率分布

確率変数 $X = x_i$	確率 $P(X = x_i) = p_i$
x_1	p_1
x_2	p_2
$\vdots$	$\vdots$
x_n	p_n

に対して，

$$E(X) = x_1 p_1 + x_2 p_2 + \cdots + x_n p_n$$
$$= \sum_{i=1}^{n} x_i p_i$$

を確率変数 X の**平均** μ，または**期待値**といいます。

$$\mathrm{Var}(X) = (x_1 - \mu)^2 p_1 + (x_2 - \mu)^2 p_2 + \cdots + (x_n - \mu)^2 p_n$$
$$= \sum_{i=1}^{n} (x_i - \mu)^2 p_i$$

を確率変数 X の**分散** σ^2 といい，その平方根

$$\sqrt{\mathrm{Var}(X)}$$

を確率変数 X の**標準偏差** σ といいます。

ここが　　ここが
確率変数　確率

表7.1.4 平均と分散を計算する！

階級値 x_i	度数	相対度数 p_i	$x_i p_i$	$x_i - \mu$	$(x_i - \mu)^2$	$(x_i - \mu)^2 p_i$
140	4	0.08	11.2	-45.2	2043.04	163.4432
160	8	0.16	25.6	-25.2	635.04	101.6064
180	15	0.30	54.0	-5.2	27.04	8.1120
200	17	0.34	68.0	14.8	219.04	74.4736
220	6	0.12	26.4	34.8	1211.04	145.3248
合計	50	1.00	185.2			492.9600

ここが平均 μ 　　　　ここが分散 σ^2

7.2
2項分布とは？

離散確率分布の代表的な分布として，2項分布があります。
2項分布は，復元抽出のときの離散確率分布です。

2項分布の定義

確率変数 X が $0, 1, 2, \cdots, n$ の値をとるとき，
その確率が

$$P(X=x) = \binom{n}{x} \cdot p^x \cdot (1-p)^{n-x} \quad (0<p<1)$$

で与えられる確率分布を **2項分布** $B(n, p)$
といいます。

$$\binom{n}{x} = \frac{n!}{(n-x)!\,x!}$$

復元抽出とは，1個取り出して不良品かどうか調べてから箱にもどし，よくかきまぜてから，また1個取り出しては不良品かどうか調べて箱にもどし，これを n 回くり返す方法です。

箱にもどさないときは，**非復元抽出**といいます。

2項分布の平均と分散

$$\text{平均}\quad E(X) = \sum_{x=0}^{n} x \cdot \binom{n}{x} p^x (1-p)^{n-x} = np$$

$$\text{分散}\,\text{Var}(X) = \sum_{x=0}^{n} (x-np)^2 \cdot \binom{n}{x} p^x (1-p)^{n-x} = np(1-p)$$

豆テスト

① 2項分布の平均が $\mu = np$ になることを
　示しましょう。

② 2項分布の分散が $\sigma^2 = np(1-p)$ になることを
　示しましょう。

7.2 2項分布とは？

■ 2項分布の確率とグラフ

例 7.2.1

$n = 10$, $p = 0.3$ の場合

$$確率 P(X = x) = {}_{10}C_x \cdot 0.3^x \cdot (1-0.3)^{10-x}$$

表 7.2.1　2項分布の確率

$X=x$	$P(X=x)$
0	0.02825
1	0.12106
2	0.23347
3	0.26683
4	0.20012
5	0.10292
6	0.03676
7	0.00900
8	0.00145
9	0.00014
10	0.00001

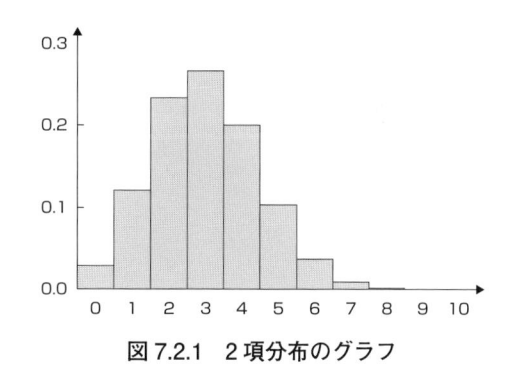

図 7.2.1　2項分布のグラフ

例 7.2.2

ある大学の心理学科の学生で睡眠障害のある人の割合が 0.3 だとします。

毎日，校門で1人の学生に

「あなたは睡眠障害がありますか？」

とたずねたとき，

10日間で2人の学生が「あります」と答える確率は，

$$P(X=2) = \binom{10}{2} \times 0.3^2 \times (1-0.3)^{10-2}$$
$$= 0.233$$

となります。

$\binom{10}{2} = \dfrac{10!}{(10-2)! \times 2!}$

Excel では
= COMBIN(10,2)
だよ！

7.3 超幾何分布とは？

超幾何分布は，非復元抽出のときの離散確率分布です。

> **超幾何分布の定義**
>
> 確率変数 X が $0, 1, 2, \cdots, n$ の値を取るとき，その確率が
>
> $$P(X=x) = \frac{\binom{Np}{x}\binom{N-Np}{n-x}}{\binom{N}{n}} \quad (0<p<1)$$
>
> で与えられる確率分布を**超幾何分布**といいます。

非復元抽出とは，1個取り出して不良品かどうか調べてから箱にもどさないで，次の1個を取り出し不良品かどうかを調べて，これを n 個続ける方法です。

> **超幾何分布の平均と分散**
>
> 平均　$E(X) = \sum_{x=0}^{n} x \cdot \dfrac{\binom{Np}{x}\binom{N-Np}{n-x}}{\binom{N}{n}} = np$
>
> 分散　$\mathrm{Var}(X) = \sum_{x=0}^{n} (x-np)^2 \cdot \dfrac{\binom{Np}{x}\binom{N-Np}{n-x}}{\binom{N}{x}} = \dfrac{N-n}{N-1} np(1-p)$

> ─ 豆テスト ─
> ①超幾何分布の平均が $\mu = np$ になることを示しましょう。
> ②超幾何分布の分散が $\sigma^2 = \dfrac{N-n}{N-1} np(1-p)$ になることを示しましょう。

7.3 超幾何分布とは？

■ 超幾何分布の確率とグラフ

例 7.3.1

$N = 100$, $p = 0.3$, $n = 10$ の場合

$$確率 \quad P(X=x) = \frac{\binom{100 \times 0.3}{x}\binom{100 - 100 \times 0.3}{10-x}}{\binom{100}{10}}$$

表 7.3.1 超幾何分布の確率

$X=x$	$P(X=x)$
0	0.02292
1	0.11271
2	0.23723
3	0.28116
4	0.20758
5	0.09964
6	0.03145
7	0.00644
8	0.00082
9	0.00006
10	0.00000

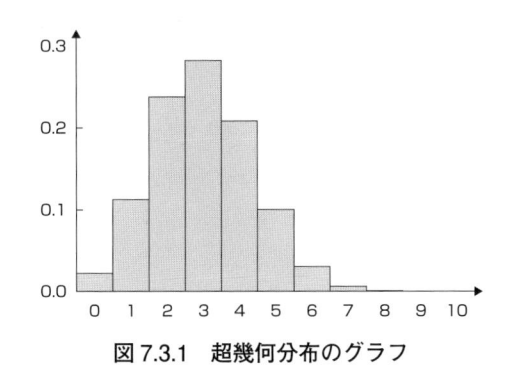

図 7.3.1 超幾何分布のグラフ

例 7.3.2

　ある大学の心理学科（定員 100 人）のクラスにおいて睡眠障害のある人の割合が 0.3 だとします。

　このクラスから 10 人の学生を選んだとき，10 人の中に睡眠障害のある人が 2 人含まれている確率は

$$P(X=2) = \frac{\binom{100 \times 0.3}{2} \times \binom{100 - 100 \times 0.3}{10-2}}{\binom{100}{10}}$$
$$= 0.237$$

となります。

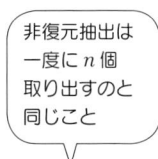

> 非復元抽出は一度に n 個取り出すのと同じこと

7.4 ポアソン分布とは？

ポアソン分布とは，

"めったに起こらない出来事の確率"

を表現するときに利用される離散確率分布です。

ポアソン分布の定義

確率変数 X が $0, 1, 2, \cdots, n, \cdots$ の値をとるとき，その確率が

$$P(X=x) = \frac{\lambda^x}{x!} e^{-\lambda}$$

で与えられる確率分布を**ポアソン分布** $P(\lambda)$ といいます。

めったに起こらない出来事とは，少年による殺人事件などです。

単位期間当りの少年殺人事件の件数などが，ポアソン分布の対象になります。

ポアソン分布の平均と分散

$$\text{平均} \quad E(X) = \sum_{x=0}^{+\infty} x \cdot \frac{\lambda^x}{x!} e^{-\lambda} = \lambda$$

$$\text{分散} \quad \text{Var}(X) = \sum_{x=0}^{+\infty} (x-\lambda)^2 \cdot \frac{\lambda^x}{x!} e^{-\lambda} = \lambda$$

豆テスト

①ポアソン分布の平均が $\mu = \lambda$ になることを示しましょう。
②ポアソン分布の分散が $\sigma^2 = \lambda$ になることを示しましょう。

> 単位面積当りの細菌の数などはポアソン分布で近似できるプ！

7.4 ポアソン分布とは？

■ ポアソン分布の確率とグラフ

例 7.4.1

$\lambda = 5$ の場合

$$\text{確率} P(X=x) = \frac{5^x}{x!} e^{-5}$$

表 7.4.1 ポアソン分布の確率

$X=x$	$P(X=x)$
0	0.00674
1	0.03369
2	0.08422
3	0.14037
4	0.17547
5	0.17547
6	0.14622
7	0.10444
8	0.06528
9	0.03627
10	0.01813
11	0.00824
12	0.00343
13	0.00132
14	0.00047
15	0.00016

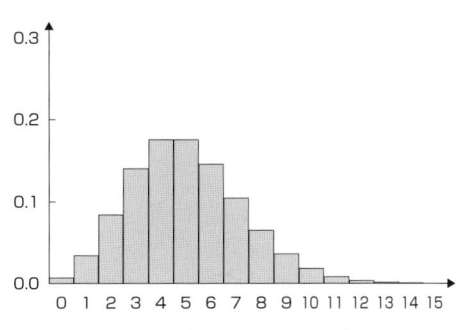

図 7.4.1 ポアソン分布のグラフ

例 7.4.2

ある大学の心理学科において，1 年間に休学する平均学生数が 5 人とします。このとき，1 年間に 2 人休学する確率は

$$P(X=2) = \frac{5^2}{2!} e^{-5}$$

$$= 0.084$$

となります。

> $e = 2.718282$

> Excel を利用するときは
> $= 5\wedge 2 * \text{EXP}(-5)/\text{FACT}(2)$
> とするプ！

7.5 連続確率分布とは？

離散確率分布では，確率変数のとる値が飛び飛びの値になっていました。

$$\text{確率変数 } X = x_i \quad \rightarrow \quad \text{確率 } P(X = x_i) = p_i$$

この確率変数のとる値が連続になっている場合には，その確率分布を

連続確率分布 または **連続型確率分布**

といいます。

連続確率分布では，確率変数に対応するのは確率ではなく，

確率密度

になります。

> 確率密度
> = probability density

したがって，連続確率分布は

$$\text{確率変数 } X = x_i \quad \rightarrow \quad \text{確率密度 } f(x_i)$$

という対応です。

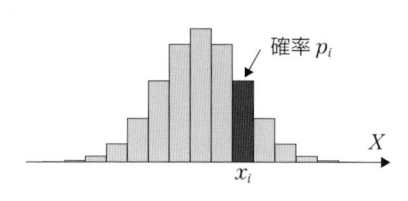

図 7.5.1　離散確率分布

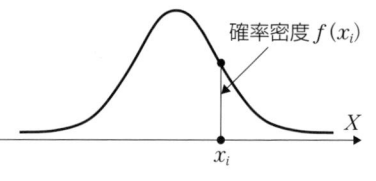

図 7.5.2　連続確率分布

> 連続確率分布
> のときは
> $P(X=x_i) = 0$
> だプ！

7.5 連続確率分布とは？

■ **分布関数と確率密度関数**

連続確率分布では，
確率変数の区間 $a \leq X \leq b$ に対する確率 $P(a \leq X \leq b)$
は，次の図の面積に対応します。

確率変数の区間
$a \leq X \leq b$

この面積が
確率 $P(a \leq X \leq b)$

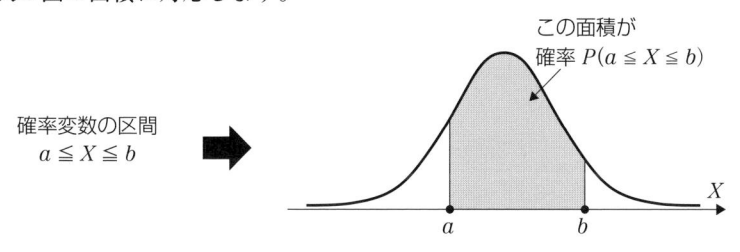

図 7.5.3　連続確率分布の確率

このとき，次の曲線の下の面積を与える関数
$$F(x) = P(X \leq x)$$
を，確率変数 X の**分布関数**といいます。

確率変数
$X \leq x$

この面積が
分布関数 $F(x)$ の値

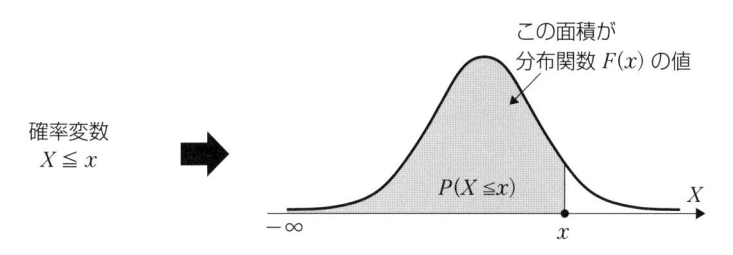

$P(X \leq x)$

図 7.5.4　分布関数 $F(x)$

そして，この曲線がある関数 $f(x)$ のグラフになっているとき，
この関数 $f(x)$ を確率変数 X の**確率密度関数**といいます。

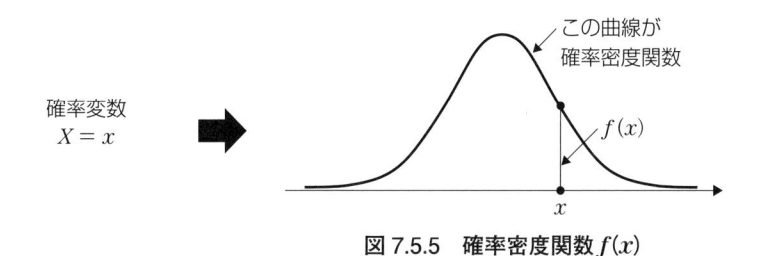

確率変数
$X = x$

この曲線が
確率密度関数

$f(x)$

図 7.5.5　確率密度関数 $f(x)$

第7章 確率分布と正規分布のススメ

確率変数の区間 $a \leq X \leq b$ の確率 $P(a \leq X \leq b)$ は分布関数 $F(x)$ を用いて

$$P(a \leq X \leq b) = F(b) - F(a)$$

のように表現することができます。

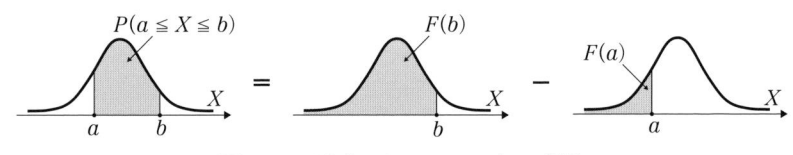

図 7.5.6 確率 $P(a \leq X \leq b)$ の計算

したがって，分布関数 $F(x)$ と確率密度関数 $f(x)$ の関係は

$$F(b) - F(a) = \int_a^b f(x)\,dx$$

となります。

$f(x)$ の不定積分 $F(x)$ はカンタンに求まらないプ〜

7.5 連続確率分布とは？

■ 連続確率分布の平均と分散の定義

$f(x)$ を連続確率変数 X の確率密度関数とします。このとき

$$E(X) = \int_{-\infty}^{+\infty} x f(x) dx$$

を，確率変数 X の平均 μ といいます。

$$\mathrm{Var}(X) = \int_{-\infty}^{+\infty} (x-\mu)^2 f(x) dx$$

を，確率変数 X の分散 σ^2 といい

$$\sqrt{\mathrm{Var}(X)}$$

を，確率変数 X の標準偏差 σ といいます。

■ 分散に関する重要な公式

$$\begin{aligned}
\mathrm{Var}(X) &= \int_{-\infty}^{+\infty} (x-\mu)^2 \cdot f(x) dx \\
&= \int_{-\infty}^{+\infty} (x^2 + \mu^2 - 2x\mu) \cdot f(x) dx \\
&= \int_{-\infty}^{+\infty} x^2 \cdot f(x) dx + \mu^2 \int_{-\infty}^{+\infty} f(x) dx - 2\mu \int_{-\infty}^{+\infty} x \cdot f(x) dx \\
&= E(X^2) + \mu^2 \cdot 1 - 2\mu \cdot E(X) \\
&= E(X^2) + \{E(X)\}^2 - 2 \cdot E(X) \cdot E(X) \\
&= E(X^2) - \{E(X)\}^2
\end{aligned}$$

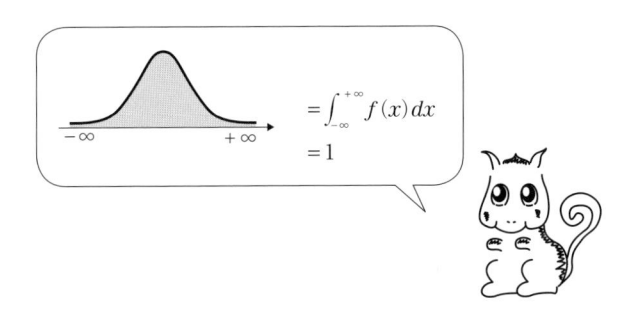

$$= \int_{-\infty}^{+\infty} f(x) dx = 1$$

7.6 正規分布とは？

正規分布の定義

確率変数 X に対して，確率密度関数 $f(x)$ が

$$f(x) = \frac{1}{\sigma\sqrt{2\pi}} e^{-\frac{1}{2}\left(\frac{x-\mu}{\sigma}\right)^2} \quad (-\infty < x < +\infty)$$

で与えられる連続確率分布を**正規分布**といい，$N(\mu, \sigma^2)$ で表します。

正規分布の平均と分散

平均　$E(X) = \displaystyle\int_{-\infty}^{+\infty} x \cdot \frac{1}{\sigma\sqrt{2\pi}} e^{-\frac{1}{2}\left(\frac{x-\mu}{\sigma}\right)^2} dx = \mu$

分散　$\mathrm{Var}(X) = \displaystyle\int_{-\infty}^{+\infty} (x-\mu)^2 \cdot \frac{1}{\sigma\sqrt{2\pi}} e^{-\frac{1}{2}\left(\frac{x-\mu}{\sigma}\right)^2} dx = \sigma^2$

豆テスト

① 正規分布の平均が μ になることを示しましょう。

② 正規分布の分散が σ^2 になることを示しましょう。

正規分布のグラフ

身長の分布は正規分布によく似ているプ

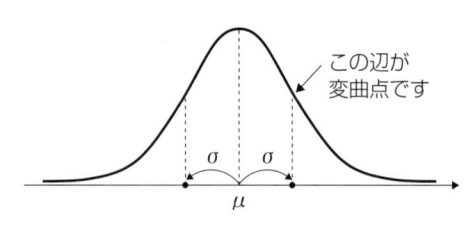

この辺が変曲点です

図 7.6.1　正規分布の平均 μ と標準偏差 σ

7.6 正規分布とは？

■ Excel で描く標準正規分布

❶ Excel のワークシートに，次のように入力します。

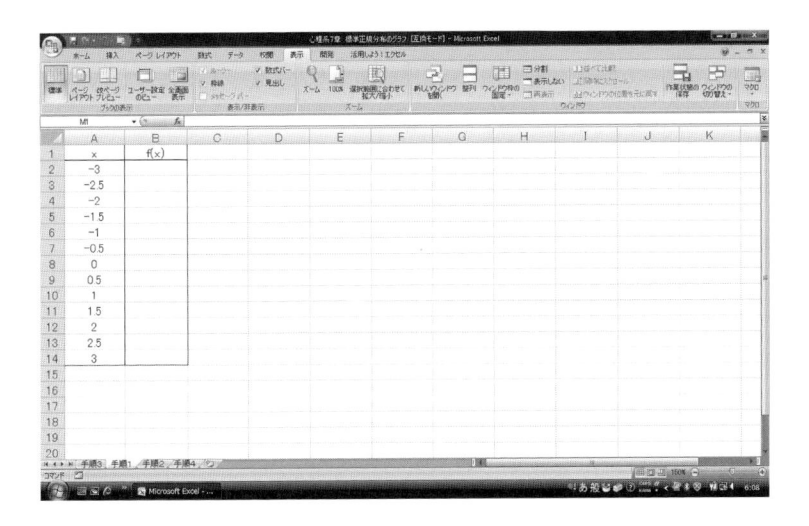

❷ B2 のセルに

= EXP（− 1 * A2^2/2）/（2 * PI（））^0.5

と入力して，B2 のセルを B3 から B14 までコピー，貼り付けます。

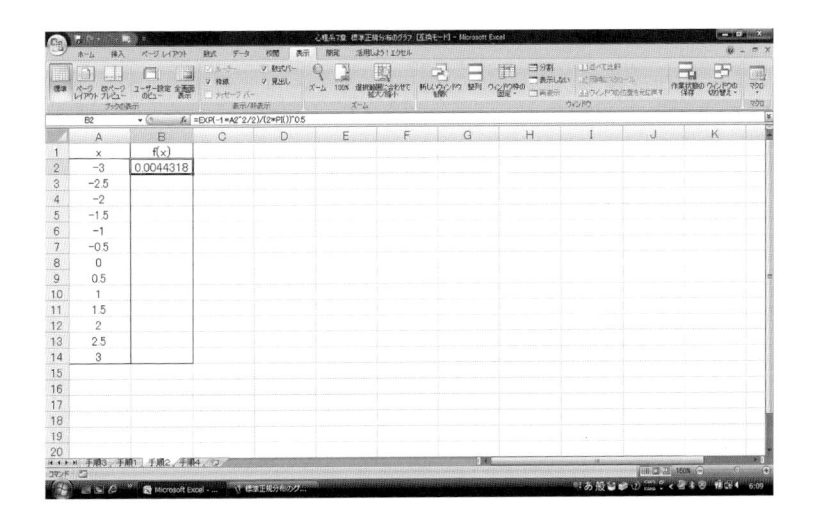

第7章　確率分布と正規分布のススメ

❸ C2 のセルをクリックしてから，グラフの中の散布図をクリック。次のアイコンを選択します。

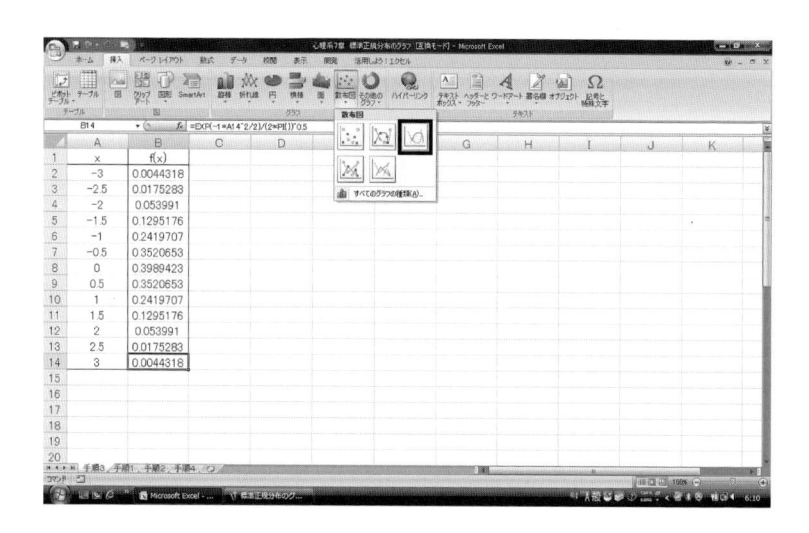

❹ すると…標準正規分布の出来上がり！！

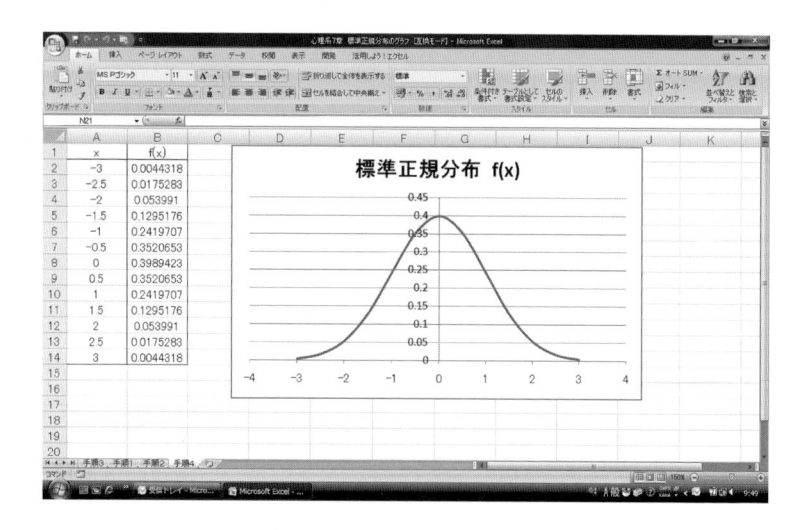

7.6 正規分布とは？

■ **正規分布の確率の求め方**

連続確率分布の確率は

$$P(a \leq X \leq b) = \int_a^b f(x)\,dx$$

で与えられます。

したがって，正規分布 $N(\mu, \sigma^2)$ の確率は

$$P(a \leq X \leq b) = \int_a^b \frac{1}{\sigma\sqrt{2\pi}}\, e^{-\frac{1}{2}\left(\frac{x-\mu}{\sigma}\right)^2} dx$$

となりますが，この右辺の計算は大変です。

実際には，次のような**標準化**を利用して，確率 $P(a \leq X \leq b)$ を求めます。

$$x \xrightarrow{\text{標準化}} \frac{x-\mu}{\sigma}$$

> データ − 平均値
> 標準偏差

正規分布 $N(\mu, \sigma^2)$ の場合，標準化をすると

$$P(a \leq X \leq b) = P\left(\frac{a-\mu}{\sigma} \leq Z \leq \frac{b-\mu}{\sigma}\right)$$

となり，この右辺の確率分布は，平均が 0，分散が 1 の**標準正規分布**となります。

そこで，確率

$$P\left(\frac{a-\mu}{\sigma} \leq Z \leq \frac{b-\mu}{\sigma}\right)$$

を求めるときには，標準正規分布 $N(0, 1^2)$ の数表を利用します。

> 標準正規分布のときの確率変数は Z を使います。

第7章 確率分布と正規分布のススメ

■ 標準正規分布の確率の求め方

標準正規分布の確率は，次のような標準正規分布の数表から求めます。

表 7.6.1 標準正規分布の値

Z	0.00	0.01	0.02	0.03	0.04	0.05	…
0.0	0.0000	0.0040	0.0080	0.0120	0.0160	0.0199	…
0.1	0.0398	0.0438	0.0478	0.0517	0.0557	0.0596	…
0.2	0.0793	0.0832	0.0871	0.0910	0.0948	0.0987	…
0.3	0.1179	0.1217	0.1255	0.1293	0.1331	0.1368	…
0.4	0.1554	0.1591	0.1628	0.1664	0.1700	0.1736	…
⋮	⋮	⋮	⋮	⋮	⋮	⋮	
1.5	0.43319	0.43448	0.43574	0.43699	0.43822	0.43943	…
1.6	0.44520	0.44630	0.44738	0.44845	0.44950	0.45053	…
1.7	0.45543	0.45637	0.45728	0.45818	0.45907	0.45994	…
⋮							

例 7.6.1

確率 $P(0 \leq Z \leq 1.64)$ の値を求めたいときは

$$1.64 = 1.6 + 0.04$$

のように分けて，

縦方向に 1.6，横方向に 0.04 が交わるところの値

$$0.44950$$

を読み取ります。したがって，

確率 $P(0 \leq Z \leq 1.64) = 0.44950$

となります。

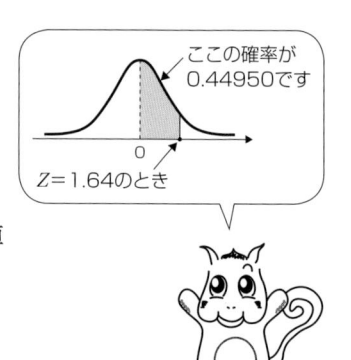

確率 $P(a \leq Z \leq b)$ を求めたいときは，次のようにいろいろと工夫してみましょう。

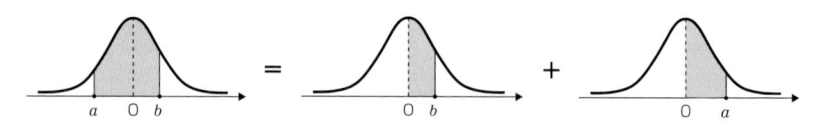

図 7.6.4　いろいろな確率の求め方（工夫その1）

7.6 正規分布とは？

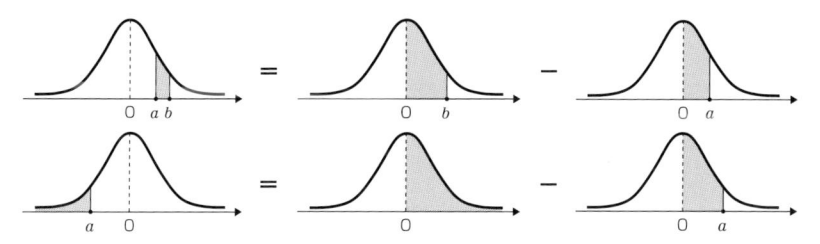

図7.6.5 いろいろな確率の求め方（工夫その2）

例 7.6.2

正規分布 $N(34.04, 9.82^2)$ の確率 $P(30 \leq X \leq 50)$ を数表から求めてみましょう。

次のように標準化します。

$$P(30 \leq X \leq 50) = P\left(\frac{30-34.04}{9.82} \leq Z \leq \frac{50-34.04}{9.82}\right)$$

$$= P(-0.41 \leq Z \leq 1.63)$$

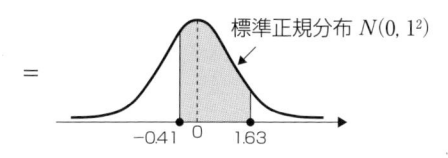

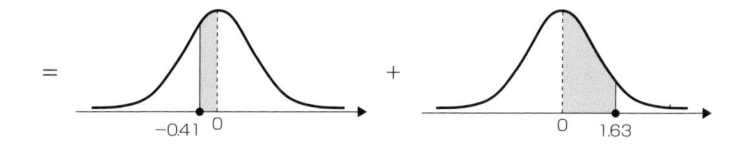

標準正規分布 $N(0, 1^2)$

$$= 0.1591 + 0.44845$$

$$= 0.60755$$

正規分布は平均を中心にして左右対称だプ！

第 7 章　確率分布と正規分布のススメ

■ 正規分布に関する重要な定理

定理（1）

N 個のデータ $\{x_1\ x_2\ \cdots\ x_N\}$ が正規母集団 $N(\mu,\ \sigma^2)$ からランダムに取り出されたとき，

$$\text{平均}\quad \bar{x} = \frac{x_1 + x_2 + \cdots + x_N}{N}$$

の分布は，正規分布 $N\left(\mu,\ \dfrac{\sigma^2}{N}\right)$ になります。

定理（2）

確率変数 $X_1,\ X_2,\ \cdots,\ X_n$ が互いに独立に正規分布 $N(\mu,\ \sigma^2)$ に従うとき，統計量 $\dfrac{x-\mu}{\sqrt{\dfrac{\sigma^2}{n}}}$ の分布は，標準正規分布 $N(0,\ 1^2)$ となります。

定理（3）

N が大きい場合，2 項分布 $B(N,\ p)$ は，正規分布 $N(Np,\ Np(1-p))$ で近似されます。

定理（4）

確率変数 $X_1,\ X_2,\ \cdots,\ X_n$ が互いに独立で平均 μ，分散 σ^2 の同一の分布に従っているとき，

$$\text{統計量}\quad \overline{X} = \frac{X_1 + X_2 + \cdots + X_n}{n}$$

の分布は，n が十分大きくなると，正規分布 $N\left(\mu,\ \dfrac{\sigma^2}{n}\right)$ に近づきます。

> この定理を中心極限定理というプ！

7.7 統計力を高めましょう

統計力 7.7.1

2項分布 $P(X=x) = \binom{8}{x} \cdot 0.7^x \cdot (1-0.7)^{8-x}$ の確率を求めて下さい。

$P(x = 0) = \boxed{}$　　$P(x = 3) = \boxed{}$

$P(x = 1) = \boxed{}$　　$P(x = 4) = \boxed{}$

$P(x = 2) = \boxed{}$　　$P(x = 5) = \boxed{}$

統計力 7.7.2

超幾何分布 $P(X=x) = \dfrac{\binom{10\times 0.5}{x}\binom{10-10\times 0.5}{8-x}}{\binom{10}{8}}$ の確率を求めて下さい。

$P(x = 3) = \boxed{}$

$P(x = 4) = \boxed{}$

$P(x = 5) = \boxed{}$

統計力 7.7.3

ポアソン分布 $P(X=x) = \dfrac{2^x}{x!}e^{-2}$ の確率を求めて下さい。

$P(x = 0) = \boxed{}$　　$P(x = 3) = \boxed{}$

$P(x = 1) = \boxed{}$　　$P(x = 4) = \boxed{}$

$P(x = 2) = \boxed{}$　　$P(x = 5) = \boxed{}$

第 7 章 確率分布と正規分布のススメ

統計力 7.7.4

標準正規分布の次の確率を巻末の標準正規分布の数表から求めて下さい。

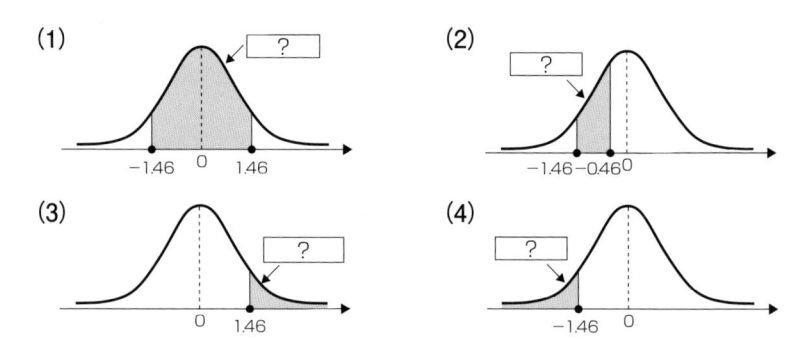

(1) ? −1.46 0 1.46

(2) ? −1.46 −0.46 0

(3) ? 0 1.46

(4) ? −1.46 0

統計力 7.7.5

正規分布 $N(170,\ 10^2)$ における確率 $P(160 \leqq X \leqq 180)$ を巻末の標準正規分布の数表から求めて下さい。

$$P(160 \leqq X \leqq 180) = P\left(\frac{160-\boxed{}}{\boxed{}} \leqq Z \leqq \frac{180-\boxed{}}{\boxed{}}\right)$$

$$= P(\boxed{} \leqq Z \leqq \boxed{})$$

= [図] ← □ □ →

= [図] □ + [図] □

= □ + □

= □

第8章

カイ2乗分布・t分布・F分布のススメ

この章では
統計的推定や統計的検定で
用いられる
・カイ2乗分布
・t分布
・F分布
といった
<u>重要な連続確率分布</u>
について学びます。

第8章　カイ2乗分布・t分布・F分布のススメ

8.0
はじめに

統計学は大きく分けて

　　　　　　　　　記述統計学　と　推測統計学

に分けることができます。

■ 記述統計学

記述統計学とは，そのデータがもっている性質を平均値や分散・標準偏差といった簡単な数値で記述したり，そのデータの特徴を棒グラフや円グラフといった視覚的なグラフに表現するものです。

したがって，記述統計学では，

　　　　　　"そのデータ自体がすべての世界"

になっています。

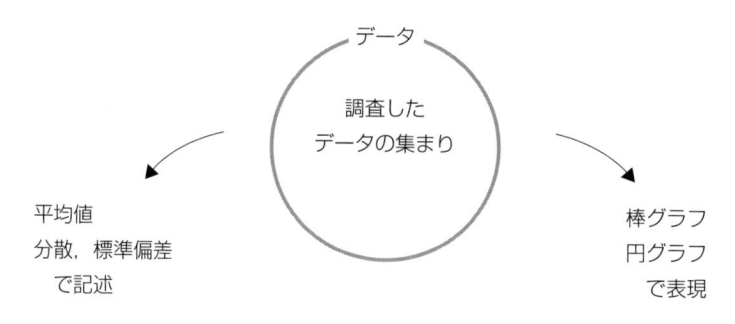

図 8.0.1　調査したデータを記述

記述統計学では
カイ2乗分布，t分布，
F分布などは使わないプ！

8.0 はじめに

■ 推測統計学

推測統計学には母集団と標本という2つの概念が登場します。この標本は母集団から取り出されたデータのことを意味しますから，推測統計学では，データの背後にもっと大きなデータの集まりがあると考えているわけです。

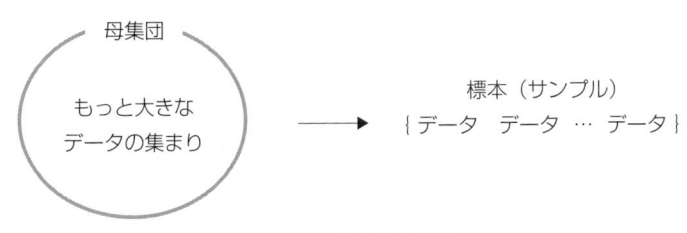

図 8.0.2 母集団と標本

したがって，推測統計学の推測とは，
　"この母集団を特徴づける未知のパラメータを
　　　カイ2乗分布，t 分布，F 分布を使って推測する"
ということになります。

■ 統計的推定と統計的検定

母集団を特長づけるパラメータには，母平均や母比率があります。

統計的推定とは，
　"この母平均や母比率を母集団から取り出されたデータから推定する"
ことです。

統計的検定とは，
　"母平均や母比率に対する仮説を
　　母集団から取り出されたデータから検定する"
ことです。

つまり，データそのものの要約や表現を目的とした記述統計学と，データの背後にある母集団を意識している推測統計学とには，大きな違いがありますね。

推測統計学では
カイ2乗分布，t 分布，
F 分布などを使うプ！

第8章 カイ2乗分布・t分布・F分布のススメ

■ **カイ2乗分布**

カイ2乗分布は，次のように登場します。

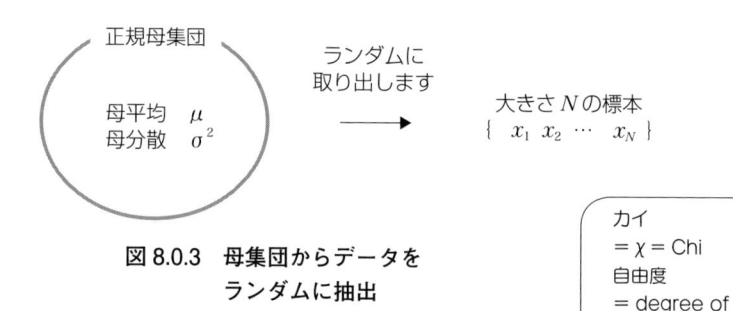

図 8.0.3　母集団からデータを
ランダムに抽出

> カイ
> = χ = Chi
> 自由度
> = degree of freedom

このとき，統計量

$$\chi^2 = \frac{(x_1-\bar{x})^2 + (x_2-\bar{x})^2 + \cdots + (x_N-\bar{x})^2}{\sigma^2}$$

の分布は，自由度 $N-1$ のカイ2乗分布に従います。

母集団とは研究対象のことです。この母集団が正規分布になっているとき，**正規母集団**といいます。**大きさ N** とは，母集団から取り出された N 個のデータのことです。

カイ2乗分布の統計量は，平均値との差の2乗和の形をしているので

　　　　　　母分散の推定
　　　　　　母分散の検定
　　　　　　等分散性の検定
　　　　　　適合度検定
　　　　　　独立性の検定

のときに，利用されます。

> カイ2乗分布を
> 使った検定のことを
> **カイ2乗検定**
> というプ！

8.0 はじめに

■ t 分布

t 分布は，次のように登場します。

```
      正規母集団           ランダムに
                          取り出します        大きさ $N$ の標本
      母平均  $\mu$        ─────────→       $\{\ x_1\ x_2\ \cdots\ x_N\ \}$
      母分散  $\sigma^2$
```

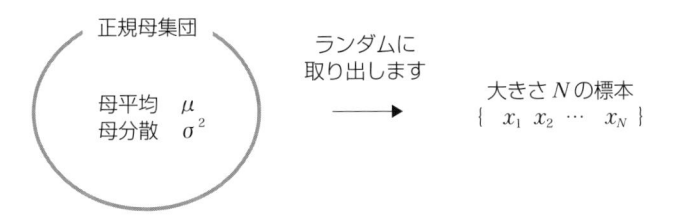

図 8.0.4　母集団からデータをランダムに抽出

このとき，統計量

$$t = \frac{\bar{x} - \mu}{\sqrt{\dfrac{s^2}{N}}}$$

の分布は，自由度 $N-1$ の t 分布に従います。

データを取り出すことを**標本抽出**ともいいます。

t 分布は，次のような推定・検定のときに利用されます。

　　　　　母平均の推定
　　　　　母平均の検定
　　　　　2つの母平均の差の検定
　　　　　相関係数の検定

> t 分布を使った
> 検定のことを
> t **検定**
> というブ！

第8章 カイ2乗分布・t分布・F分布のススメ

8.1
カイ2乗分布とは？

カイ2乗分布の定義

確率変数Xの確率密度関数$f(x)$が

$$f(x) = \frac{1}{2^{\frac{n}{2}}\Gamma\left(\frac{n}{2}\right)} x^{\frac{n}{2}-1} e^{-\frac{x}{2}} \quad (0 < x < +\infty)$$

のとき，この連続確率分布を，**自由度nのカイ2乗分布**といいます。

カイ2乗分布の平均と分散

$$\text{平均} \quad E(X) = \int_0^{+\infty} x \cdot f(x) dx = n$$

$$\text{分散} \quad \text{Var}(X) = \int_0^{+\infty} (x-n)^2 \cdot f(x) dx = 2n$$

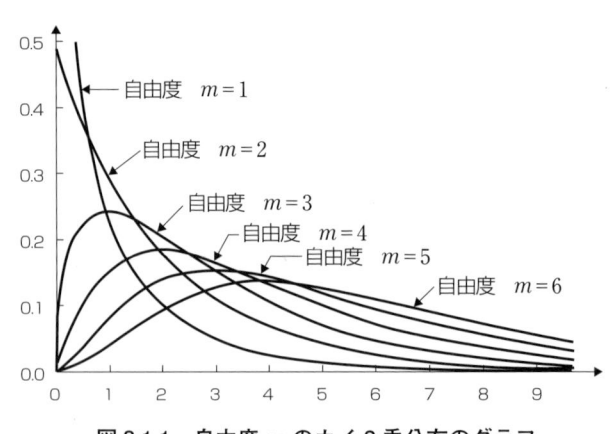

■ 自由度mのカイ2乗分布のグラフ

　カイ2乗分布のグラフは，自由度mの値によって，その形を変えます。

> カイ2乗分布で大切な点は，そのグラフの形です。
> $f(x)$の式はムズカシーので気にしないこと。

図8.1.1　自由度mのカイ2乗分布のグラフ

8.1 カイ2乗分布とは？

■ **カイ2乗分布の利用法**

統計的推定・統計的検定のときに，カイ2乗分布を使います。カイ2乗分布を利用した統計的検定のことを，**カイ2乗検定**といいます。

カイ2乗検定で重要なポイントは，自由度 m と有意水準 0.05 で決まる棄却限界 $\chi^2(m\,;0.05)$ と棄却域です。例えば，…

例 8.1.1 自由度が1の場合

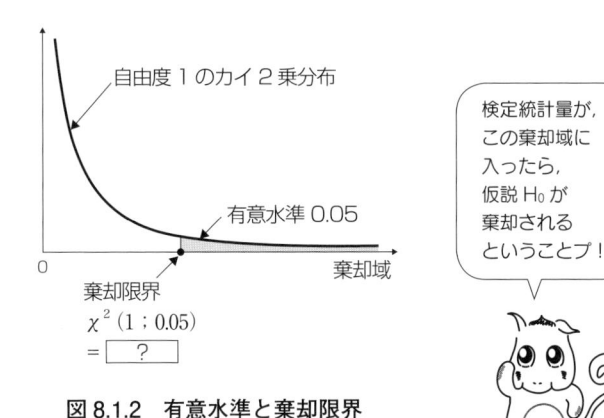

自由度1のカイ2乗分布
有意水準 0.05
棄却域
棄却限界
$\chi^2(1\,;0.05)$
= ？

検定統計量が，この棄却域に入ったら，仮説 H_0 が棄却されるということプ！

図 8.1.2 有意水準と棄却限界

例 8.1.2 自由度が2の場合

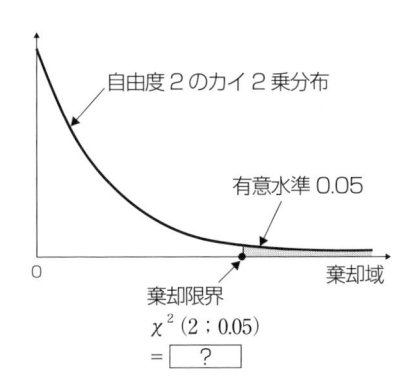

自由度2のカイ2乗分布
有意水準 0.05
棄却域
棄却限界
$\chi^2(2\,;0.05)$
= ？

図 8.1.3 有意水準と棄却限界

第8章 カイ2乗分布・t分布・F分布のススメ

■ カイ2乗分布の数表の使い方

カイ2乗分布の自由度と右端の確率が与えられたとき，棄却限界 χ^2（自由度；確率）を求めるには，次のように数表を利用します。

例 8.1.4 自由度が1で，右端の確率が 0.05 の場合

表 8.1.1 カイ2乗分布の数表

確率 自由度	0.050	0.025
1	3.841	5.024
2	5.991	7.378
3	7.815	9.348
4	9.488	11.143
5	11.070	12.833
⋮	⋮	⋮

― 豆テスト ―
グラフで表すと…？

自由度1のカイ2乗分布

0.05

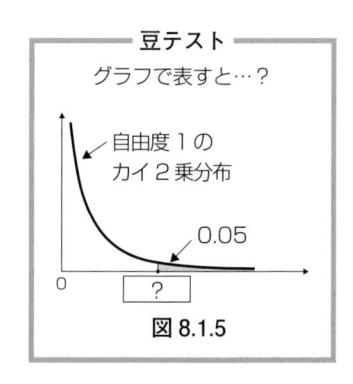

図 8.1.5

したがって，棄却限界は

$$\chi^2 (1 ; 0.05) = 3.841$$

となります。

例 8.1.5 自由度が2で，右端の確率が 0.05 の場合

表 8.1.2 カイ2乗分布の数表

確率 自由度	0.050	0.025
1	3.841	5.024
2	5.991	7.378
3	7.815	9.348
4	9.488	11.143
5	11.070	12.833
⋮	⋮	⋮

― 豆テスト ―
グラフで表すと…？

自由度2のカイ2乗分布

0.05

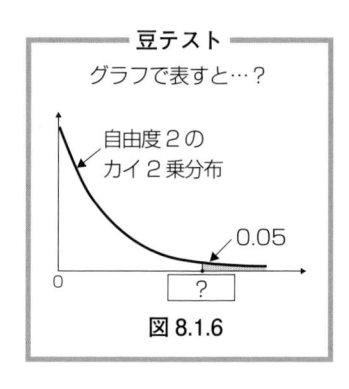

図 8.1.6

したがって，棄却限界は

$$\chi^2 (2 ; 0.05) = 5.991$$

となります。

8.1 カイ2乗分布とは？

■ Excel の関数　CHIDIST の使い方

逆に，カイ2乗分布の自由度と x の値が与えられたとき，x の値から右端の部分の確率を求めたい場合もあります。

例 8.1.6　自由度が3で，$x = 1.46$ の場合

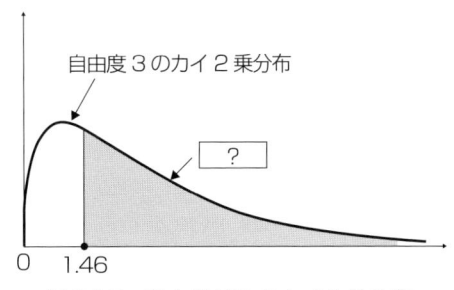

図 8.1.7　自由度が3のカイ2乗分布

この面積（＝確率）を求めるための数表はありません。

そこで，Excel の関数 $\boxed{fx}$ を利用しましょう。

　＝ CHISQ.DIST.RT（1.46,3）

　＝ 0.6915

となります。

x の値が検定統計量の場合，この確率のことを**有意確率**といいます。

> Excel の関数は
> CHISQ.DIST.RT (x, 自由度)
> だプ！

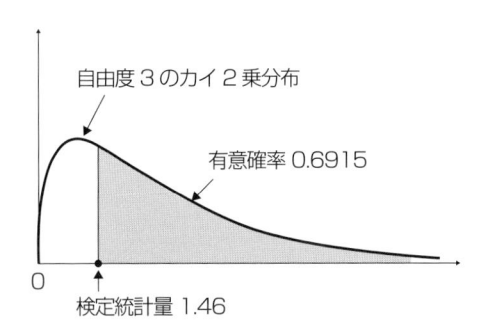

図 8.1.8　検定統計量と有意確率の関係

第8章 カイ2乗分布・t分布・F分布のススメ

8.2
t 分布とは？

t 分布の定義

確率変数 X の確率密度関数 $f(x)$ が

$$f(x) = \frac{\Gamma\left(\frac{n+1}{2}\right)}{\sqrt{n\pi}\,\Gamma\left(\frac{n}{2}\right)\left(1+\frac{x^2}{n}\right)^{\frac{n+1}{2}}} \quad (-\infty < x < +\infty)$$

のとき，この連続確率分布を**自由度 n の t 分布**といいます。

t 分布の平均と分散

平均 $E(X) = \int_{-\infty}^{\infty} x \cdot f(x)\,dx = 0$

分散 $\mathrm{Var}(X) = \int_{-\infty}^{\infty} (x-0)^2 \cdot f(x)\,dx = \dfrac{n}{n-2} \quad (n \geq 2)$

■ 自由度 m の t 分布のグラフ

自由度 m の値によって t 分布のグラフは少し異なります。

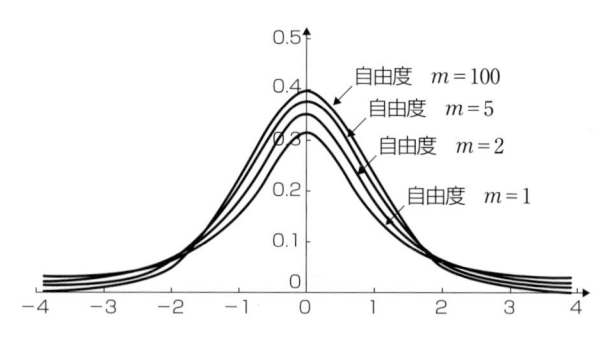

> t 分布で大切な点は，そのグラフの形です。
> $f(x)$ の式はムズカシーので気にしないこと！

図 8.2.1 自由度 m の t 分布のグラフ

8.2 t 分布とは？

■ t 分布の利用法

　統計的推定，統計的検定のときに，t 分布を使います。t 分布を利用した統計的検定を，**t 検定**といいます。

　t 検定で重要なポイントは，自由度 m と有意水準 0.05 によって決まる棄却限界 $t(m;0.025)$ と棄却域です。例えば，

例 8.2.1 　自由度 5 の t 分布の場合

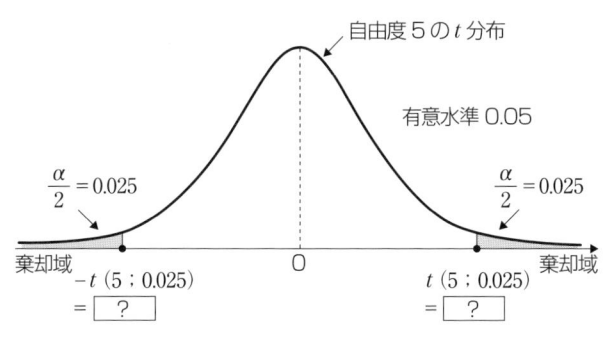

図 8.2.2　有意水準と棄却限界

$t(5;0.025)$ や $-t(5;0.025)$ を棄却限界というプ！

例 8.2.2 　自由度 10 の t 分布の場合

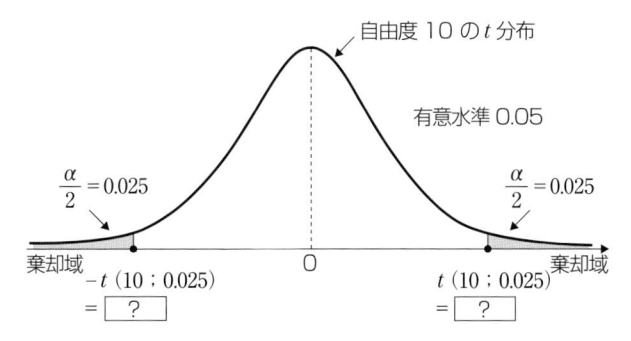

図 8.2.3　有意水準と棄却限界

第8章 カイ2乗分布・t分布・F分布のススメ

■ t分布の数表の使い方

t分布の自由度と右端の確率が与えられたとき，棄却限界t(自由度；確率)を求めるには，次のように数表を利用します。

例 8.2.3 自由度が5で，右端の確率が0.05の場合

表 8.2.1 t分布の数表

自由度＼確率	0.050	0.025
1	6.314	12.706
2	2.920	4.303
3	2.353	3.182
4	2.132	2.776
5	2.015	2.571
6	1.943	2.447
7	1.895	2.365
⋮	⋮	⋮

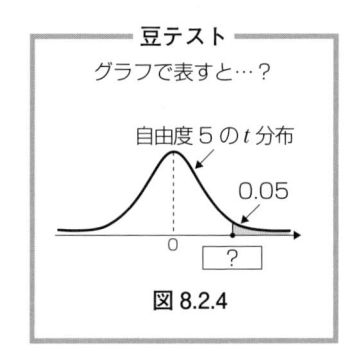

豆テスト
グラフで表すと…？
自由度5のt分布
0.05
図 8.2.4

したがって，棄却限界は

$$t(5 ; 0.05) = 2.015$$

となります。

例 8.2.4 自由度が10で，右端の確率が0.025の場合

表 8.2.2 t分布の数表

自由度＼確率	0.050	0.025
6	1.943	2.447
7	1.895	2.365
8	1.860	2.306
9	1.833	2.262
10	1.812	2.228
11	1.796	2.201
12	1.782	2.179
⋮	⋮	⋮

豆テスト
グラフで表すと…？
自由度10のt分布
0.025
図 8.2.5

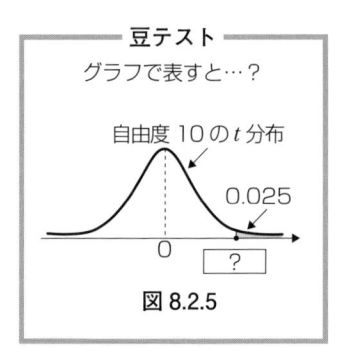

したがって，棄却限界は

$$t(10 ; 0.025) = 2.228$$

となります。

8.2 t 分布とは？

■ Excel の関数　TDIST の使い方

逆に，t 分布の自由度と x の値が与えられたとき，x の値から右の部分の面積（＝確率）を求めたい場合もあります。

例 8.2.5　自由度が 5 で，$x = 1.46$ の場合

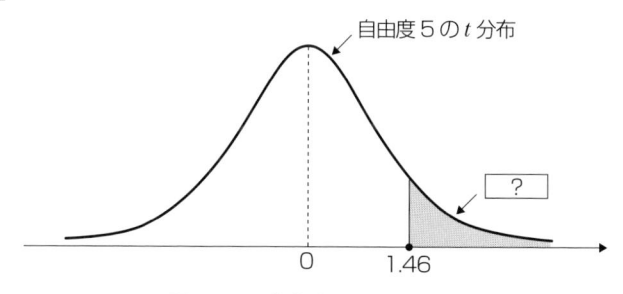

図 8.2.6　**自由度が 5 の t 分布**

この面積（＝確率）を求めるための数表はありません。

そこで，Excel の関数 fx を利用しましょう。

= T.DIST.RT（1.46,5,1）
= 0.1021

となります。

> Excel の関数は
> T.DIST.RT（x, 自由度, 1）
> だプ！
> T.DIST.2T（x, 自由度, 2）
> もあるプ！

x の値が検定統計量の場合，この確率のことを**有意確率**といいます。

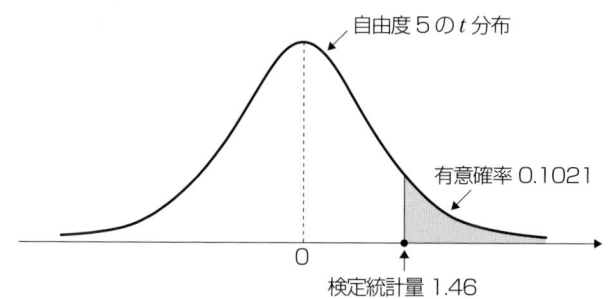

図 8.2.7　**検定統計量と有意確率の関係**

第8章 カイ2乗分布・t分布・F分布のススメ

8.3
F分布とは？

F分布の定義

確率変数 X の確率密度関数 $f(x)$ が

$$f(x) = \frac{\Gamma\left(\dfrac{n_1+n_2}{2}\right)\left(\dfrac{n_1}{n_2}\right)^{\frac{n_1}{2}} x^{\frac{n_1}{2}-1}}{\Gamma\left(\dfrac{n_1}{2}\right)\Gamma\left(\dfrac{n_2}{2}\right)\left(1+\dfrac{n_1}{n_2}x\right)^{\frac{n_1+n_2}{2}}} \quad (0 < x < +\infty)$$

のとき，この連続確率分布を**自由度** (n_1, n_2) の F **分布**といいます。

F分布の平均と分散

$$\text{平均}\quad E(X) = \int_0^\infty x \cdot f(x)\,dx = \frac{n_2}{n_2-2}$$

$$\text{分散}\quad \text{Var}(X) = \int_0^\infty \left(x - \frac{n_2}{n_2-2}\right)^2 \cdot f(x)\,dx = \frac{2(n_1+n_2-2)n_2^2}{n_1(n_2-2)^2(n_2-4)}$$

■ **自由度 (m_1, m_2) の F 分布のグラフ**

自由度 (m_1, m_2) の値によって F 分布のグラフは異なります。

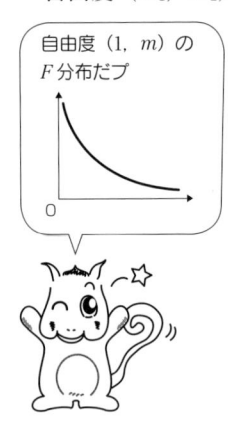

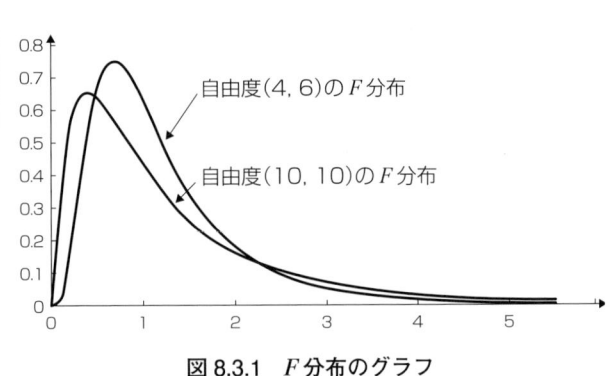

自由度 $(1, m)$ の F 分布だブ

図 8.3.1 F 分布のグラフ

8.3 F分布とは?

■ F分布の利用法

ところで，このF分布は，次のような2つの分散の比の確率分布として，登場します。

F分布

確率変数 $X_1, X_2, \cdots, X_{n_1}$, $Y_1, Y_2, \cdots, Y_{n_2}$ は互いに独立で

$X_i (i = 1, 2, \cdots, n_1)$ は 正規分布 $N(\mu_1, \sigma_1^2)$

$Y_j (j = 1, 2, \cdots, n_2)$ は 正規分布 $N(\mu_2, \sigma_2^2)$

に従うとき，

$$s_1^2 = \frac{(X_1 - \overline{X})^2 + (X_2 - \overline{X})^2 + \cdots + (X_{n_1} - \overline{X})^2}{n_1 - 1}$$

$$s_2^2 = \frac{(Y_1 - \overline{Y})^2 + (Y_2 - \overline{Y})^2 + \cdots + (Y_{n_2} - \overline{Y})^2}{n_2 - 1}$$

とおくと，

$$\text{統計量} \quad F = \frac{\dfrac{s_1^2}{s_2^2}}{\dfrac{\sigma_1^2}{\sigma_2^2}}$$

の分布は，自由度 $(n_1 - 1, n_2 - 1)$ のF分布に従います。

重回帰分析や分散分析では，次のような表がよく出てきます。ここのF値がF分布に従う検定統計量です。

表8.3.1 分散分析表

変動	平方和	自由度	平均平方	F値
回帰による変動	S_R	p	V_R	F_0
残差による変動	S_E	$N-p-1$	V_E	

第8章 カイ2乗分布・t分布・F分布のススメ

8.4
統計力を高めましょう

統計力 8.4.1

カイ2乗分布の値を，巻末のカイ2乗分布の数表から求めて下さい。

$\chi^2(\ 1\ ;0.05) = \boxed{}$ $\chi^2(\ 1\ ;0.025) = \boxed{}$
$\chi^2(\ 2\ ;0.05) = \boxed{}$ $\chi^2(\ 2\ ;0.025) = \boxed{}$
$\chi^2(\ 3\ ;0.05) = \boxed{}$ $\chi^2(\ 3\ ;0.025) = \boxed{}$

$\chi^2(\ 8\ ;0.05) = \boxed{}$ $\chi^2(\ 8\ ;0.025) = \boxed{}$
$\chi^2(\ 9\ ;0.05) = \boxed{}$ $\chi^2(\ 9\ ;0.025) = \boxed{}$
$\chi^2(10\ ;0.05) = \boxed{}$ $\chi^2(10\ ;0.025) = \boxed{}$

統計力 8.4.2

t分布の値を，巻末のt分布の数表から求めて下さい。

$t(\ 8\ ;0.05) = \boxed{}$ $t(\ 5\ ;0.025) = \boxed{}$
$t(\ 9\ ;0.05) = \boxed{}$ $t(\ 6\ ;0.025) = \boxed{}$
$t(10\ ;0.05) = \boxed{}$ $t(\ 7\ ;0.025) = \boxed{}$
$t(18\ ;0.05) = \boxed{}$ $t(15\ ;0.025) = \boxed{}$
$t(19\ ;0.05) = \boxed{}$ $t(16\ ;0.025) = \boxed{}$
$t(20\ ;0.05) = \boxed{}$ $t(17\ ;0.025) = \boxed{}$

8.4 統計力を高めましょう

統計力 8.4.3

Excel を利用して，カイ 2 乗検定のときの有意確率を求めて下さい。

(1) 自由度 1 のカイ 2 乗分布　有意確率 ?　4.30

(2) 自由度 2 のカイ 2 乗分布　有意確率 ?　4.30

(3) 自由度 3 のカイ 2 乗分布　有意確率 ?　4.30

(4) 自由度 4 のカイ 2 乗分布　有意確率 ?　4.30

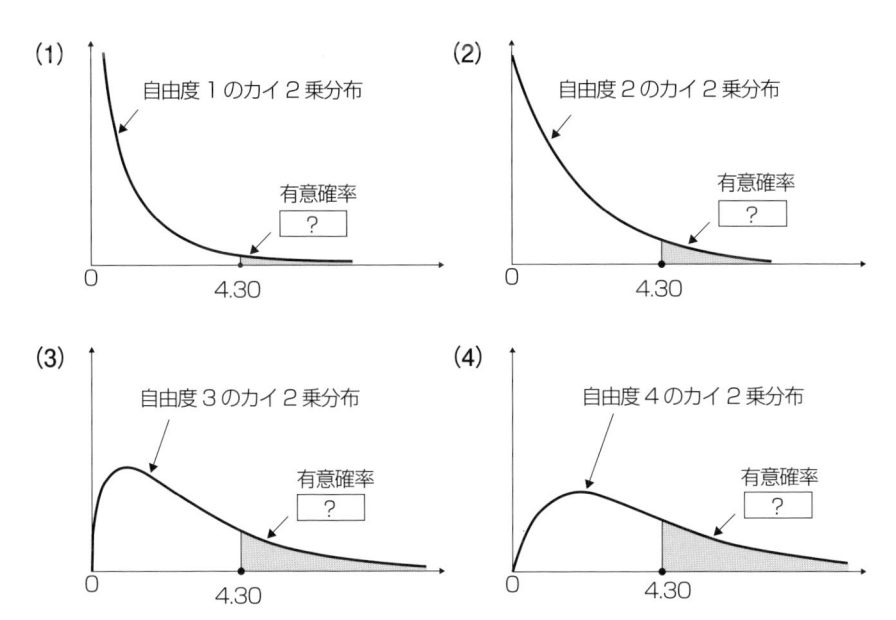

統計力 8.4.4

Excel を利用して，t 検定のときの有意確率を求めて下さい。

(1) 自由度 6 の t 分布　有意確率 ?　1.46

(2) 自由度 9 の t 分布　有意確率 ?　1.46

(3) 自由度 12 の t 分布　有意確率 ?　−1.46

(4) 自由度 21 の t 分布　有意確率 ?　−1.46

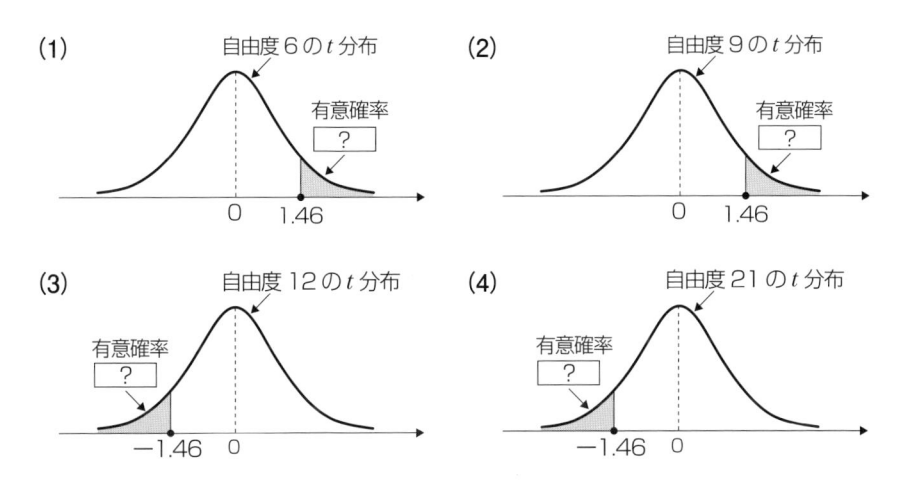

＃ 第 **9** 章

統計的推定のススメ（1）
―母平均の区間推定―

> この章では
> 統計的推定の一つである
> ・母平均の区間推定
> について学びます。
> 統計的推定には
> ・点推定
> もあります。

第9章 統計的推定のススメ（1）―母平均の区間推定―

9.0
はじめに

平均の区間推定とは，研究対象からランダムに取り出した
大きさ N の標本 $\{x_1\ x_2\ \cdots\ x_N\}$
から，
研究対象の平均 μ を推定する
ことです。このとき
研究対象のことを**母集団**
研究対象の平均のことを**母平均**
といいます。
　平均の区間推定をおこなう場合，
母集団の分布は正規分布に従っている
と仮定します。
　したがって，この統計的推定は次のようになります。

> 区間推定
> = interval estimation
> 信頼区間
> = confidence interval
> 母集団
> = population

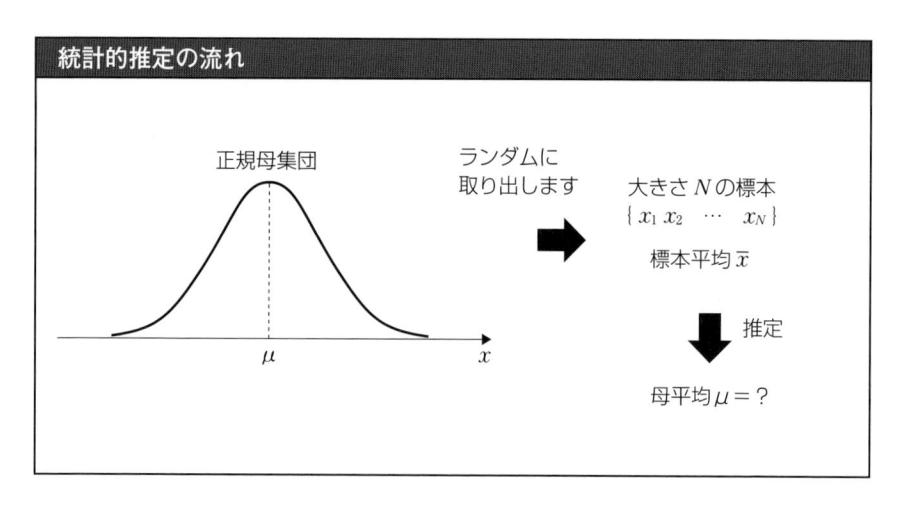

統計的推定の流れ

正規母集団 → ランダムに取り出します → 大きさ N の標本 $\{x_1\ x_2\ \cdots\ x_N\}$　標本平均 $\bar{x}$　↓推定　母平均 $\mu = ?$

心理系のデータを使って，母平均の区間推定をしてみましょう！

9.0 はじめに

■ 心理系のデータ

例 9.0.1

次のデータは，女子大学生 12 人と男子大学生 12 人を対象におこなったロボットについてのアンケート調査の結果です。

アンケート調査票

項目 1　あなたの体重をおたずねします。

　　　体重 _____ kg

項目 2　あなたはどのくらいの幅のロボットがいいですか？

　　　ロボットの幅 _____ cm

表 9.0.1　女子大学生のグループ

被験者 No.	体重	ロボットの幅
1	52	23
2	47	47
3	53	63
4	54	52
5	52	39
6	63	33
7	49	51
8	65	39
9	51	30
10	45	22
11	53	59
12	58	52

表 9.0.2　男子大学生のグループ

被験者 No.	体重	ロボットの幅
1	67	43
2	88	58
3	97	65
4	73	41
5	65	37
6	71	36
7	84	60
8	59	63
9	74	47
10	73	52
11	51	45
12	68	35

男子大学生のデータは演習で使うブ！

第9章 統計的推定のススメ（1）―母平均の区間推定―

9.1
母平均の区間推定のしくみとは？

> **母平均の区間推定の公式（信頼係数 95％の場合）**
>
> 正規母集団から標本 $\{x_1 \ x_2 \ \cdots \ x_N\}$ をランダムに取り出したとき母平均 μ の 95％ 信頼区間は
>
> $$\bar{x} - t(N-1\,;\,0.025) \cdot \sqrt{\frac{s^2}{N}} \leq \mu \leq \bar{x} + t(N-1\,;\,0.025) \cdot \sqrt{\frac{s^2}{N}}$$
>
> 　　　　下側信頼限界　　　　　　　　　上側信頼限界
>
> となります。ただし，
>
> $\begin{cases} \bar{x}：標本平均,\ s^2：標本分散,\ N：データ数 \\ t(N-1\,;\,0.025)：自由度\ N-1\ の\ t\ 分布の\ 2.5\%\ 点 \end{cases}$

■この公式の導き方

次の定理を思い出しましょう。

> **定理**
>
> N 個のデータ $\{x_1 \ x_2 \ \cdots \ x_N\}$ が正規母集団 $N(\mu\,;\,\sigma^2)$ からランダムに取り出されたとき
>
> $$\frac{\bar{x} - \mu}{\sqrt{\dfrac{\sigma^2}{N}}}$$ の分布は標準正規分布 $N(0\,;\,1^2)$
>
> となります。

このとき，標準正規分布の確率 95％の範囲は，次のようになります。

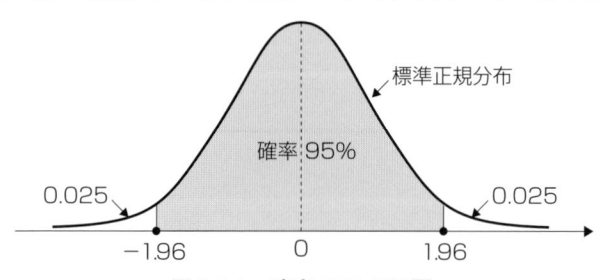

図 9.1.1　確率 95％の区間

9.1 母平均の区間推定のしくみとは？

したがって，確率 95% の範囲から

$$-1.96 \leq \frac{\overline{x}-\mu}{\sqrt{\dfrac{\sigma^2}{N}}} \leq 1.96$$

という不等式を得ます。

この不等式を，次々と変形してゆきます。

$$-1.96 \times \sqrt{\frac{\sigma^2}{N}} \leq \overline{x}-\mu \leq 1.96 \times \sqrt{\frac{\sigma^2}{N}}$$

$$-\overline{x}-1.96 \times \sqrt{\frac{\sigma^2}{N}} \leq -\mu \leq -\overline{x}+1.96 \times \sqrt{\frac{\sigma^2}{N}}$$

$$\underbrace{\overline{x}-1.96 \times \sqrt{\frac{\sigma^2}{N}}}_{\text{下側信頼限界}} \leq \mu \leq \underbrace{\overline{x}+1.96 \times \sqrt{\frac{\sigma^2}{N}}}_{\text{上側信頼限界}}$$

ところが，母平均 μ を推定するためには両端の

$$母分散\ \sigma^2 = ?$$

の値がわかっていなければなりません。

母分散 σ^2 が未知のときは，どうすればよいのでしょうか？

> σ^2 が未知のとき
> どうするかというと…

そこで，次の定理を利用します。

定理

N 個のデータ $\{x_1\ x_2\ \cdots\ x_N\}$ が正規母集団 $N(\mu\ ;\ \sigma^2)$ からランダムに取り出されたとき

$$\frac{\overline{x}-\mu}{\sqrt{\dfrac{s^2}{N}}}\ の分布は自由度\ N-1\ の\ t\ 分布$$

となります。
ただし，$\overline{x}$：標本平均，s^2：標本分散

第 9 章 統計的推定のススメ（1）—母平均の区間推定—

確率 95％の t 分布の区間は，次のようになります。

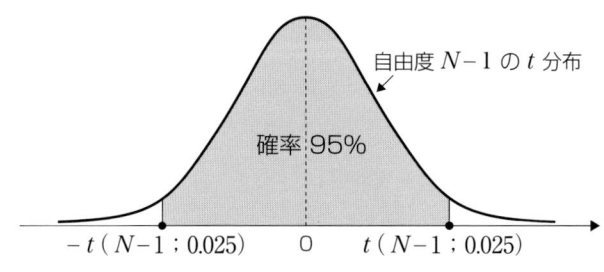

図 9.1.2　確率 95％の区間

したがって，確率 95％の範囲から

$$-t(N-1\,;\,0.025) \leqq \frac{\bar{x}-\mu}{\sqrt{\dfrac{s^2}{N}}} \leqq t(N-1\,;\,0.025)$$

となります。

この不等式を変形すると…

$$-t(N-1\,;\,0.025) \cdot \sqrt{\dfrac{s^2}{N}} \leqq \bar{x}-\mu \leqq t(N-1\,;\,0.025) \cdot \sqrt{\dfrac{s^2}{N}}$$

$$-\bar{x}-t(N-1\,;\,0.025) \cdot \sqrt{\dfrac{s^2}{N}} \leqq -\mu \leqq -\bar{x}+t(N-1\,;\,0.025) \cdot \sqrt{\dfrac{s^2}{N}}$$

$$\underbrace{\bar{x}-t(N-1\,;\,0.025) \cdot \sqrt{\dfrac{s^2}{N}}}_{\text{下側信頼限界}} \leqq \mu \leqq \underbrace{\bar{x}+t(N-1\,;\,0.025) \cdot \sqrt{\dfrac{s^2}{N}}}_{\text{上側信頼限界}}$$

となり，母平均 μ の区間推定の公式が導かれました。

ところで次の 2 つの信頼限界を見比べてみましょう。

表 9.1.1

σ^2	下側信頼限界	上側信頼限界
既知	$\bar{x}-1.96 \times \sqrt{\dfrac{\sigma^2}{N}}$	$\bar{x}+1.96 \times \sqrt{\dfrac{\sigma^2}{N}}$
未知	$\bar{x}-t(N-1\,;\,0.025) \cdot \sqrt{\dfrac{s^2}{N}}$	$\bar{x}+t(N-1\,;\,0.025) \cdot \sqrt{\dfrac{s^2}{N}}$

9.1 母平均の区間推定のしくみとは？

自由度 m の t 分布の2.5%点は，次のようになっています。

表 9.1.2

自由度 m	2.5%点
1	12.71
2	4.30
3	3.18
4	2.78
5	2.57
10	2.23
20	2.09
30	2.04
40	2.02
50	2.01
60	2.00
70	1.99
80	1.99
90	1.99
100	1.98
1000	1.96

したがって，データ数 N が多くなると，自由度 $N-1$ も大きくなるので t 分布を利用した母平均の区間推定と標準正規分布を利用した母平均の区間推定は，ほぼ同じ結果になります。

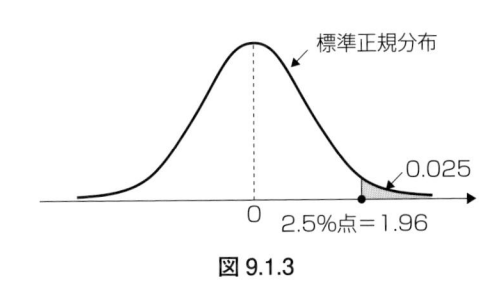

図 9.1.3

小標本 → t 分布
大標本 → 標準正規分布
だよ！

第 9 章 統計的推定のススメ（1）―母平均の区間推定―

9.2 母平均の区間推定の公式と例題

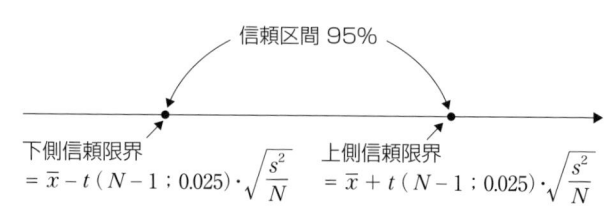

■ 公式 ―母平均の区間推定（信頼係数 95％の場合）―

❶次のような表を用意します。

表 9.2.1 データの型

No.	データ x	x^2
1	x_1	x_1^2
2	x_2	x_2^2
⋮	⋮	⋮
N	x_N	x_N^2
合計	$\sum_{i=1}^{N} x_i$	$\sum_{i=1}^{N} x_i^2$

❷表 9.2.1 の合計を使って，母平均の信頼区間を求めます。

標本平均　$\bar{x} = \dfrac{\sum_{i=1}^{N} x_i}{N}$

標本分散　$s^2 = \dfrac{N \cdot \left(\sum_{i=1}^{N} x_i^2\right) - \left(\sum_{i=1}^{N} x_i\right)^2}{N \cdot (N-1)}$

t 分布の値 $t(N-1\,;0.025) = \boxed{t \text{ 分布の数表}}$

信頼区間 95％

下側信頼限界　　　　　　上側信頼限界
$= \bar{x} - t(N-1\,;0.025) \cdot \sqrt{\dfrac{s^2}{N}}$　　$= \bar{x} + t(N-1\,;0.025) \cdot \sqrt{\dfrac{s^2}{N}}$

図 9.2.1

9.2 母平均の区間推定の公式と例題

■ 例題 ―母平均の区間推定（信頼係数95％の場合）―

❶例 9.0.1 のデータから，次のような表を用意します。

表 9.2.2　データと統計量

被験者No.	ロボットの幅 x	x^2
1	23	529
2	47	2209
3	63	3969
4	52	2704
5	39	1521
6	33	1089
7	51	2601
8	39	1521
9	30	900
10	22	484
11	59	3481
12	52	2704
合計	510	23712

❷表 9.2.2 の合計を使って，母平均の信頼区間を求めます。

$$標本平均\quad \bar{x} = \frac{510}{12} = 42.5$$

$$標本分散\quad s^2 = \frac{12 \times 23712 - (510)^2}{12 \times (12-1)} = 185.18$$

$$t\,分布の値\ t(12-1\,;\,0.025) = 2.201$$

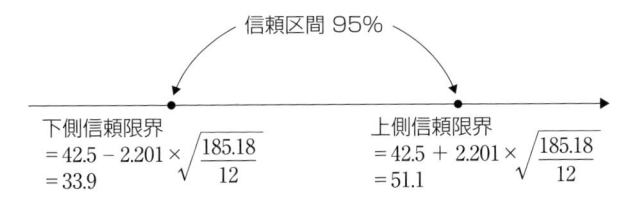

信頼区間 95％

下側信頼限界
$= 42.5 - 2.201 \times \sqrt{\dfrac{185.18}{12}}$
$= 33.9$

上側信頼限界
$= 42.5 + 2.201 \times \sqrt{\dfrac{185.18}{12}}$
$= 51.1$

図 9.2.2

第 9 章　統計的推定のススメ（1）―母平均の区間推定―

9.3
統計力を高めましょう

統計力 9.3.1

次のデータは，男子大学生 12 人を対象におこなったロボットについてのアンケート調査の結果です。

信頼係数 95％でロボットの幅の母平均を区間推定して下さい。

アンケート調査票

項目 1　あなたはどのくらいの幅のロボットがいいですか？

　　　　ロボットの幅　＿＿＿＿＿　cm

表 9.3.1　男子大学生

No.	ロボットの幅 x	x^2
1	43	
2	58	
3	65	
4	41	
5	37	
6	36	
7	49	
8	63	
9	47	
10	52	
11	45	
12	35	
合計		

表 9.3.1 の合計を使って，母平均の信頼区間を求めます。

標本平均 $\bar{x} = \dfrac{\boxed{}}{\boxed{}} = \boxed{}$

標本分散 $s^2 = \dfrac{\boxed{} \times \boxed{} - \boxed{}^2}{\boxed{} \times (\boxed{} - \boxed{})} = \boxed{}$

9.3 統計力を高めましょう

t 分布の値 $t\,(\boxed{}-1\,;\,0.025)=\boxed{}$

下側信頼限界

$= \boxed{} - \boxed{} \times \sqrt{\dfrac{\boxed{}}{\boxed{}}}$

$= \boxed{}$

上側信頼限界

$= \boxed{} + \boxed{} \times \sqrt{\dfrac{\boxed{}}{\boxed{}}}$

$= \boxed{}$

統計力 9.3.2

次のデータは，女子大学生 13 人を対象におこなったロボットについてのアンケート調査の結果です。

信頼係数 95％で，ロボットの高さの母平均を区間推定して下さい。

アンケート調査票

項目 1　あなたはどのくらいの高さのロボットがいいですか？

　　　　ロボットの高さ ＿＿＿＿＿ cm

表 9.3.2　女子大学生のグループ

被験者 No.	1	2	3	4	5	6	7
身長	145	158	151	149	165	158	146
ロボットの高さ	42	58	46	43	56	57	30

被験者 No.	8	9	10	11	12	13
身長	163	157	142	163	175	158
ロボットの高さ	58	39	38	51	64	55

第9章 統計的推定のススメ（1）―母平均の区間推定―

統計力 9.3.3

次のデータは，男子高校生14人を対象におこなったロボットについてのアンケート調査の結果です。

信頼係数95％で，ロボットの幅の母平均を区間推定して下さい。

アンケート調査票

項目1　あなたはどのくらいの幅のロボットがいいですか？

　　　　ロボットの幅 _____ cm

表9.3.3　男子高校生のグループ

被験者No.	1	2	3	4	5	6	7
ロボットの幅	46	52	61	49	38	35	74
ロボットの高さ	53	63	75	71	55	46	95

被験者No.	8	9	10	11	12	13	14
ロボットの幅	46	67	48	62	54	49	51
ロボットの高さ	61	78	56	49	73	62	85

統計力 9.3.4

男子高校生1000人を対象にアンケート調査をおこなったところ

　ロボットの幅の平均 = 52.3（cm）　ロボットの幅の分散 = 114.23（cm）

となりました。

信頼係数95％でロボットの幅の母平均を区間推定して下さい。

第10章

統計的推定のススメ（2）
―母比率の区間推定―

この章では
統計的推定の一つである
・母比率の区間推定
について学びます。

第 10 章 統計的推定のススメ（2）―母比率の区間推定―

10.0
はじめに

比率の区間推定とは，研究対象からランダムに取り出した

$$\text{大きさ } N \text{ の標本 } \{x_1 \ x_2 \ \cdots \ x_N\}$$

から

$$\text{研究対象の比率 } p \text{ を推定する}$$

ことです。このとき，

研究対象のことを**母集団**

研究対象の比率のことを**母比率**

といいます。

> 率＝ rate
> 比＝ ratio
> 比率＝ proportion

比率の区間推定の場合

母集団の分布は 2 項分布に従っている

と仮定します。

したがって，この統計的推定は次のようになります。

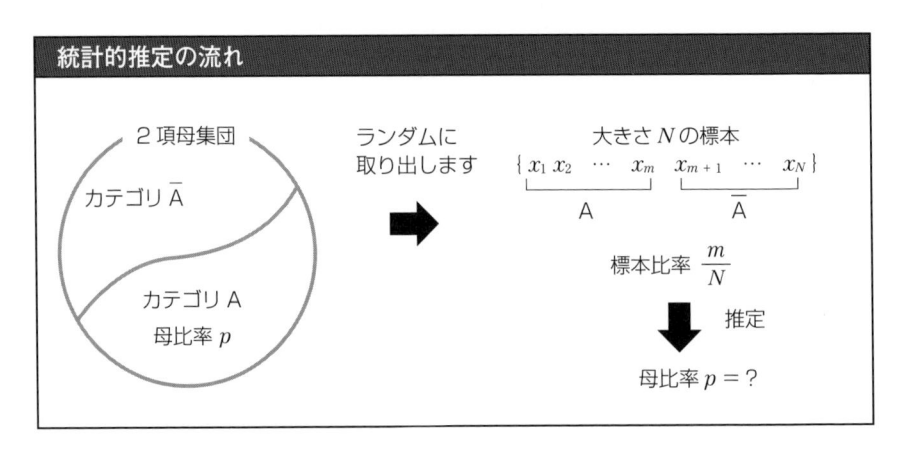

統計的推定の流れ

2 項母集団

カテゴリ $\bar{\text{A}}$

カテゴリ A
母比率 p

ランダムに
取り出します

→

大きさ N の標本
$\{\underbrace{x_1 \ x_2 \ \cdots \ x_m}_{\text{A}} \ \underbrace{x_{m+1} \ \cdots \ x_N}_{\bar{\text{A}}}\}$

標本比率 $\dfrac{m}{N}$

↓ 推定

母比率 $p =$ ？

心理系のデータを使って，母比率の区間推定をしてみましょう！

10.0 はじめに

■ 心理系のデータ

例 10.0.1

次のデータは,大学生 100 人を対象におこなったロボットについてのアンケート調査の結果です。

アンケート調査票

項目1　あなたの性別をおたずねします。

　　　　1　女性　　　2　男性

項目2　あなたはロボットに触れたことがありますか？

　　　　1　ある　　　2　ない

表 10.0.1　大学生のグループ

		ロボットに触れたことの有無		合計
		ある	ない	
性別	女性	13	38	51
	男性	23	26	49
	合計	36	64	100

> このデータを使って,独立性の検定 (p.181) もできるプ！

第10章 統計的推定のススメ（2）―母比率の区間推定―

10.1 母比率の区間推定のしくみとは？

母比率の区間推定の公式（信頼係数95%の場合）

2項母集団から標本 $\{x_1\ x_2\ \cdots\ x_N\}$ をランダムに取り出したとき カテゴリAに属するデータの個数が m であれば，母比率 p の95%信頼区間は，次のようになります。

$$\underbrace{\frac{m}{N} - 1.96 \times \sqrt{\frac{\frac{m}{N}\left(1-\frac{m}{N}\right)}{N}}}_{\text{下側信頼限界}} \leq p \leq \underbrace{\frac{m}{N} + 1.96 \times \sqrt{\frac{\frac{m}{N}\left(1-\frac{m}{N}\right)}{N}}}_{\text{上側信頼限界}}$$

> この公式は N が十分大きいときに使うプ！

■ この公式の導き方

次の定理を思い出しましょう。

2項分布の正規分布による近似

N が大きいとき
2項分布 $B(N, p)$ は，正規分布 $N(Np, Np(1-p))$ で近似されます。

よって，

標本比率 $\dfrac{m}{N}$ は正規分布 $N\left(p, \dfrac{p(1-p)}{N}\right)$ で近似されます。

ここで，標準化をすると

$\dfrac{\dfrac{m}{N} - p}{\sqrt{\dfrac{p(1-p)}{N}}}$ の分布は標準正規分布 $N(0, 1^2)$ になります。

> p.144を見るプ。

10.1 母比率の区間推定のしくみとは？

標準正規分布の確率95%の範囲は

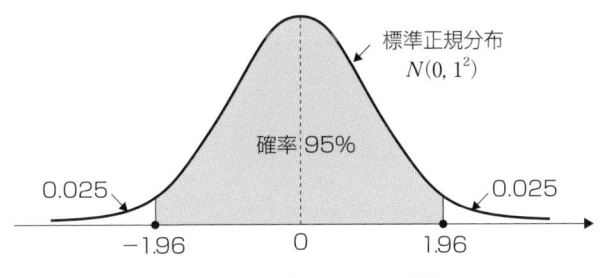

図10.1.1 確率95%の区間

となるので，次の不等式

$$-1.96 \leq \frac{\frac{m}{N} - p}{\sqrt{\frac{p(1-p)}{N}}} \leq 1.96$$

が得られます。

この不等式を変形してゆくと

$$-1.96 \times \sqrt{\frac{p(1-p)}{N}} \leq \frac{m}{N} - p \leq 1.96 \times \sqrt{\frac{p(1-p)}{N}}$$

$$-\frac{m}{N} - 1.96 \times \sqrt{\frac{p(1-p)}{N}} \leq -p \leq -\frac{m}{N} + 1.96 \times \sqrt{\frac{p(1-p)}{N}}$$

$$\frac{m}{N} - 1.96 \times \sqrt{\frac{p(1-p)}{N}} \leq p \leq \frac{m}{N} + 1.96 \times \sqrt{\frac{p(1-p)}{N}}$$

となります。

ここで，平方根の中の p を $\frac{m}{N}$ で置き換えると

> N が十分大きいと仮定しているプ。

$$\underbrace{\frac{m}{N} - 1.96 \times \sqrt{\frac{\frac{m}{N}\left(1 - \frac{m}{N}\right)}{N}}}_{\text{下側信頼限界}} \leq p \leq \underbrace{\frac{m}{N} + 1.96 \times \sqrt{\frac{\frac{m}{N}\left(1 - \frac{m}{N}\right)}{N}}}_{\text{上側信頼限界}}$$

となり，母比率 p の区間推定の公式が導かれます。

143

10.2
2項分布の正規分布による近似とは？

2項分布

$$P(X=x) = \binom{n}{x} \cdot p^x \cdot (1-p)^{n-x}$$

の平均は np, 分散は $np(1-p)$ です。

例 10.2.1

$n = 10$, $p = 0.5$ の場合に，2項分布のグラフを作成してみましょう。

表 10.2.1 2項分布の確率

$X=x$	$P(X=x)$
0	0.001
1	0.010
2	0.044
3	0.117
4	0.205
5	0.246
6	0.205
7	0.117
8	0.044
9	0.010
10	0.001

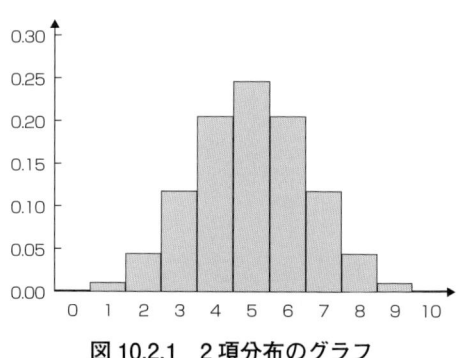

図 10.2.1 2項分布のグラフ

このように，p の値が 0.5 の場合には，n の値が 10 程度でも 2 項分布は左右対称になりますから，その形は正規分布によく似ています。

例 10.2.2

$n = 30$, $p = 0.2$ の場合の 2 項分布のグラフは，次のようになります。

10.2 2項分布の正規分布による近似とは？

表 10.2.2 2項分布の確率

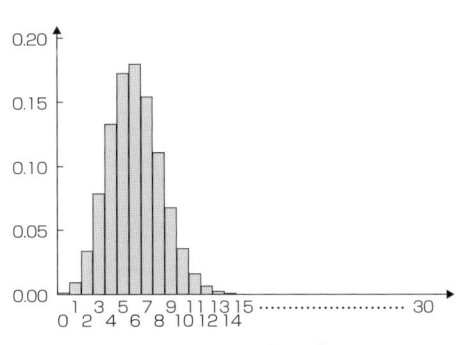

$X=x$	$P(X=x)$
0	0.001
1	0.009
2	0.034
3	0.079
4	0.133
5	0.172
6	0.179
7	0.154
8	0.111
9	0.068
10	0.035
11	0.016
12	0.006
13	0.002
14	0.001
15	0.000
⋮	⋮
30	0.000

図 10.2.2 2項分布のグラフ

したがって，p の値が 0.5 でなくても，n が 30 以上になると 2 項分布は正規分布に近づいてゆきます。

例 10.2.3

次のグラフは，$n = 30$，$p = 0.8$ の場合です。

表 10.2.3 2項分布の確率

$X=x$	$P(X=x)$
0	0.000
⋮	⋮
15	0.000
16	0.001
17	0.002
18	0.006
19	0.016
20	0.035
21	0.068
22	0.111
23	0.154
24	0.179
25	0.172
26	0.133
27	0.079
28	0.034
29	0.009
30	0.001

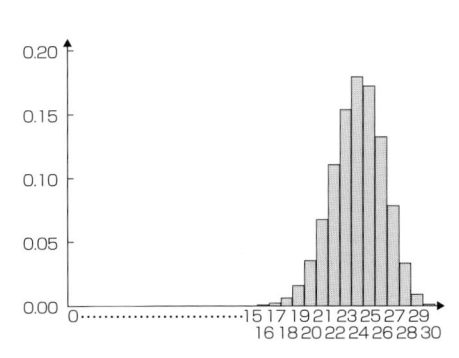

図 10.2.3 2項分布のグラフ

10.3
母比率の区間推定の公式と例題

■ 公式 —母比率の区間推定（信頼係数95%の場合）—

❶次のような表を用意します。

表 10.3.1　データの型

	カテゴリA	カテゴリ$\overline{A}$	合計
データの個数	m	$N-m$	N

❷表 10.3.1 を使って，母比率の信頼区間を求めます。

$$標本比率 = \frac{m}{N}$$

$$下側信頼限界 = \frac{m}{N} - 1.96 \times \sqrt{\frac{\frac{m}{N} \cdot \left(1 - \frac{m}{N}\right)}{N}}$$

$$上側信頼限界 = \frac{m}{N} + 1.96 \times \sqrt{\frac{\frac{m}{N} \cdot \left(1 - \frac{m}{N}\right)}{N}}$$

信頼区間 95%

下側信頼限界
$= \frac{m}{N} - 1.96 \times \sqrt{\frac{\frac{m}{N}(1-\frac{m}{N})}{N}}$

上側信頼限界
$= \frac{m}{N} + 1.96 \times \sqrt{\frac{\frac{m}{N}(1-\frac{m}{N})}{N}}$

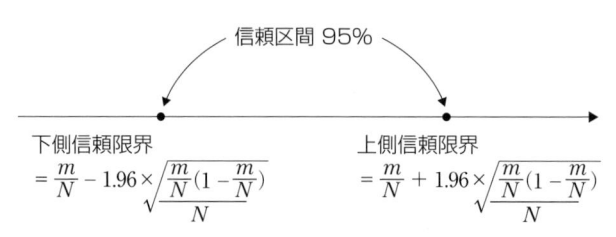

図 10.3.1

10.3 母比率の区間推定の公式と例題

■ 例題 ―母比率の区間推定（信頼係数 95%の場合）―

❶例 10.0.1 のデータから，次のような表を用意します。

表 10.3.2 データと統計量

		ロボットに触れたことの有無		合計
		ある	ない	
性別	女性	13	38	51

❷表 10.3.2 を使って，母比率の信頼区間を求めます。

$$標本比率 = \frac{13}{51}$$

$$下側信頼限界 = \frac{13}{51} - 1.96 \times \sqrt{\frac{\frac{13}{51} \times \left(1 - \frac{13}{51}\right)}{51}}$$

$$= 0.1353$$

$$上側信頼限界 = \frac{13}{51} + 1.96 \times \sqrt{\frac{\frac{13}{51} \times \left(1 - \frac{13}{51}\right)}{51}}$$

$$= 0.3745$$

信頼区間 95%

下側信頼限界
$= \frac{13}{51} - 1.96 \times \sqrt{\frac{\frac{13}{51}(1 - \frac{13}{51})}{51}}$
$= 0.1353$

上側信頼限界
$= \frac{13}{51} + 1.96 \times \sqrt{\frac{\frac{13}{51}(1 - \frac{13}{51})}{51}}$
$= 0.3745$

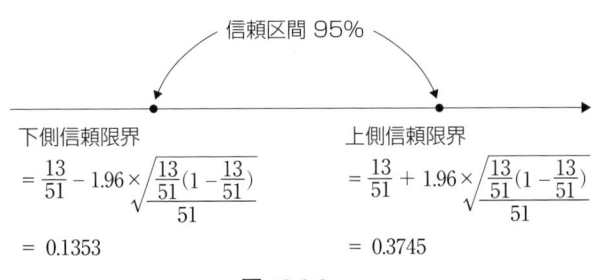

図 10.3.2

第 10 章　統計的推定のススメ（2）—母比率の区間推定—

10.4 統計力を高めましょう

統計力 10.4.1

次のデータは，小学生 68 人を対象におこなったロボットについてのアンケート調査の結果です。

信頼係数 95％ で，赤色のロボットが好きな小学生の母比率を区間推定して下さい。

表 10.4.1　小学生のグループ

	赤色のロボット		合計
	好き	嫌い	
小学生	41	27	68

統計力 10.4.2

次のデータは，中学生 73 人を対象におこなったロボットについてのアンケート調査の結果です。

信頼係数 95％ で，歩行するロボットが好きな中学生の母比率を区間推定して下さい。

表 10.4.2 中学生のグループ

	歩行するロボット		合計
	好き	嫌い	
中学生	57	16	73

第11章

統計的検定のススメ（1）
― 2つの母平均の差の検定 ―

この章では
統計的検定の一つである
　・2つの母平均の差の検定
について学びます。
統計的検定のことを
　　仮説の検定
ともいいます。

第 11 章 統計的検定のススメ（1）―2つの母平均の差の検定―

11.0
はじめに

仮説の検定とは

研究対象に対する仮説が棄却されるかどうか？
を調べる統計処理のことです。

この研究対象のことを**母集団**といいます。

2つの母平均の差の検定の場合，研究対象としての母集団が2つあります。
それぞれの母集団の分布は正規分布であると仮定します。

したがって，この統計的検定は次のようになります。

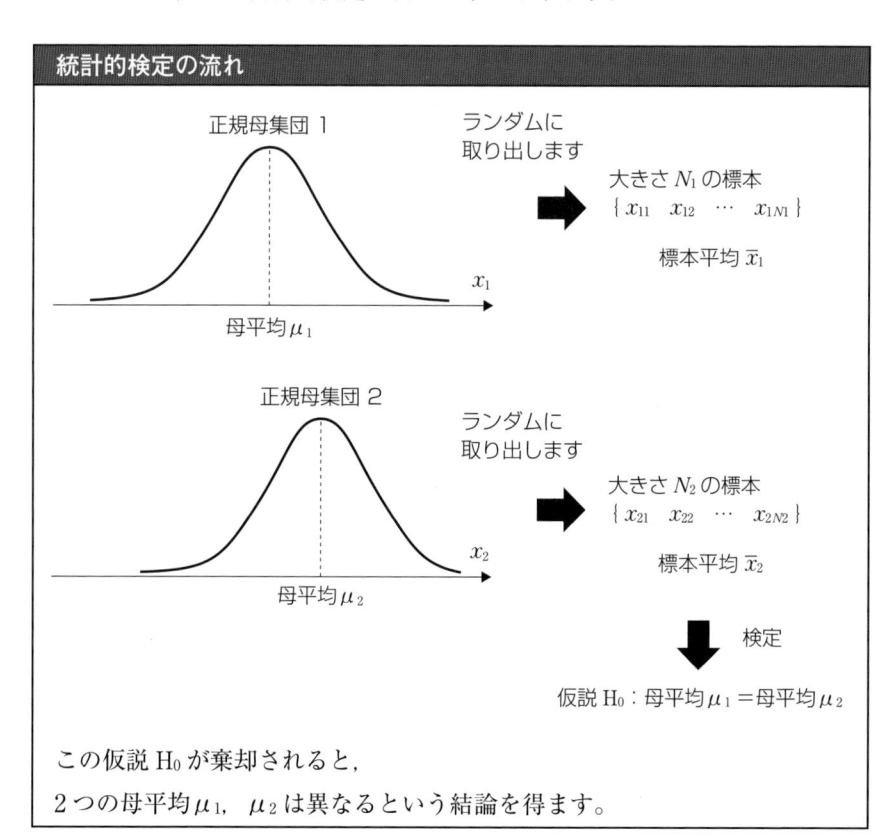

統計的検定の流れ

正規母集団 1

ランダムに取り出します ➡ 大きさ N_1 の標本
$\{ x_{11} \ x_{12} \ \cdots \ x_{1N_1} \}$

標本平均 $\bar{x}_1$

母平均 μ_1

正規母集団 2

ランダムに取り出します ➡ 大きさ N_2 の標本
$\{ x_{21} \ x_{22} \ \cdots \ x_{2N_2} \}$

標本平均 $\bar{x}_2$

母平均 μ_2

⬇ 検定

仮説 H_0：母平均 μ_1 ＝ 母平均 μ_2

この仮説 H_0 が棄却されると，
2つの母平均 μ_1，μ_2 は異なるという結論を得ます。

11.0 はじめに

　心理系のデータを使って，2つの母平均の差の検定を
してみましょう！

■ 心理系のデータ

例 11.0.1

　次のデータは，女子大学生 12 人と男子大学生 12 人を対象におこなった
ロボットについてのアンケート調査の結果です。

```
アンケート調査票

項目 1　あなたの身長をおたずねします。

　　　　身長 _____ cm

項目 2　あなたはどのくらいの高さのロボットがいいですか？

　　　　ロボットの高さ _____ cm
```

表 11.0.1　女子大学生のグループ

被験者 No.	身長	ロボット の高さ
1	145	42
2	158	58
3	151	46
4	149	43
5	165	56
6	158	57
7	146	30
8	163	58
9	157	39
10	142	38
11	163	51
12	175	64

表 11.0.2　男子大学生のグループ

被験者 No.	身長	ロボット の高さ
1	174	64
2	187	81
3	183	75
4	163	41
5	171	56
6	166	45
7	175	47
8	168	52
9	172	65
10	184	86
11	162	74
12	171	52

女子大学生と男子大学生
とでロボットの高さに
差があるかな？

第 11 章 統計的検定のススメ（1）―2 つの母平均の差の検定―

11.1
仮説の検定のしくみとは？

仮説の検定とは，次の 3 つの手順のことです。

❶ 研究対象の母集団に対して
仮説 H_0 と**対立仮説** H_1 をたてます。

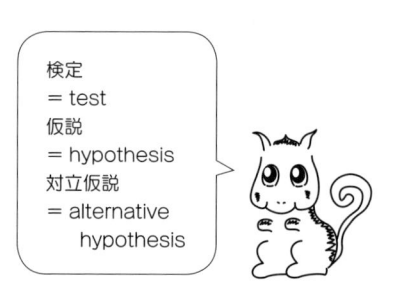

検定
= test
仮説
= hypothesis
対立仮説
= alternative hypothesis

❷ この母集団からデータをランダムに取り出し，**検定統計量** T を計算します。

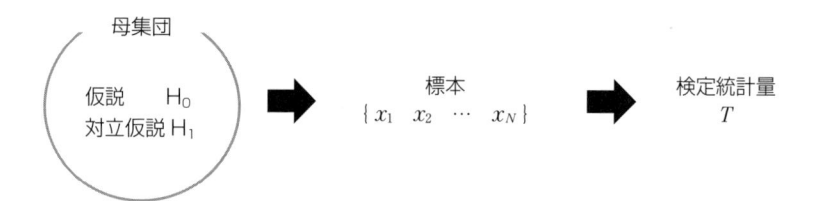

標本 $\{x_1 \ x_2 \ \cdots \ x_N\}$

検定統計量 T

❸ 検定統計量 T が**棄却域**に入ると，
仮説 H_0 を棄却し，対立仮説 H_1 を採択します。

有意水準 $\alpha = 0.05$

$\dfrac{\alpha}{2} = 0.025$

$\dfrac{\alpha}{2} = 0.025$

棄却域

棄却域

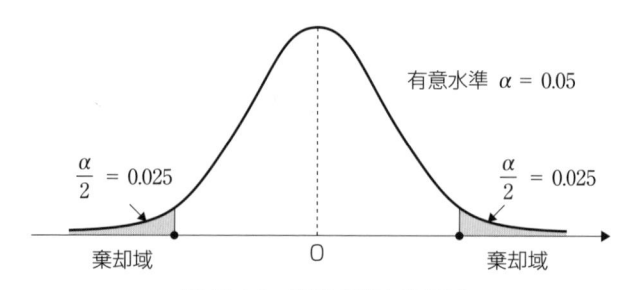

図 11.1.1 　有意水準と棄却域

11.1 仮説の検定のしくみとは？

■ **いろいろなタイプの仮説の検定**

仮説の検定は，次のように多くの種類があります。

・母平均の検定　　仮説 H_0：母平均 μ は μ_0 である
・母分散の検定　　仮説 H_0：母分散 σ^2 は σ_0^2 である

・2つの母平均の差の検定
　　仮説 H_0：母平均 μ_1 と母平均 μ_2 は等しい
・2つの母分散の差の検定
　　仮説 H_0：母分散 σ_1^2 と母分散 σ_2^2 は等しい

$\sigma_1^2 = \sigma_2^2$ のことを等分散性ともいうプ！

・母比率の検定　　仮説 H_0：母比率 p は p_0 である
・2つの母比率の差の検定
　　仮説 H_0：母比率 p_1 と母比率 p_2 は等しい

・相関係数の検定　　仮説 H_0：母相関係数 ρ は ρ_0 である
・無相関の検定　　仮説 H_0：母相関係数 ρ は 0 である

・独立性の検定　　仮説 H_0：A と B は独立である
・適合度検定　　仮説 H_0：モデルは適合している

・1元配置の分散分析　　仮説 H_0：グループ間に差はない

・正規性の検定　　仮説 H_0：母集団の分布は正規分布である

仮説 H_0 が棄却されないときは p.159 を見るプ〜

検定統計量
= test statistic
棄却域
= critical region
= rejection region
有意水準
= level of significance

153

11.2 2つの母平均の差の検定のしくみとは？

2つの母平均の差の検定のしくみは，次のようになります。

❶始めに，仮説と対立仮説をたてます。

仮説　　H_0：グループ1の母平均μ_1とグループ2の母平均μ_2は等しい

対立仮説　H_1：グループ1の母平均μ_1とグループ2の母平均μ_2は異なる

❷次に，検定統計量を計算します。

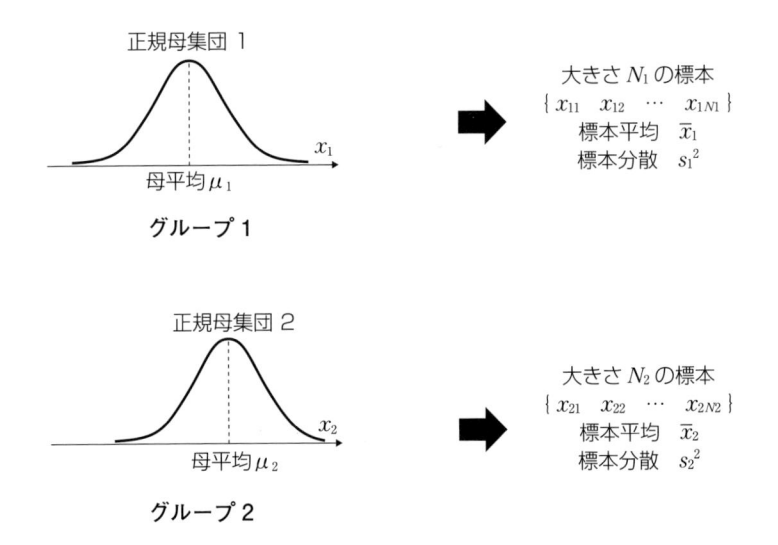

正規母集団1
母平均μ_1
グループ1

→ 大きさN_1の標本
$\{x_{11} \quad x_{12} \quad \cdots \quad x_{1N_1}\}$
標本平均　$\bar{x}_1$
標本分散　s_1^2

正規母集団2
母平均μ_2
グループ2

→ 大きさN_2の標本
$\{x_{21} \quad x_{22} \quad \cdots \quad x_{2N_2}\}$
標本平均　$\bar{x}_2$
標本分散　s_2^2

このとき，2つの母平均の差の検定統計量Tは，次のようになります。

$$T = \frac{\bar{x}_1 - \bar{x}_2}{\sqrt{\left(\frac{1}{N_1} + \frac{1}{N_2}\right)s^2}}$$

ここでは等分散$\sigma_1^2 = \sigma_2^2$を仮定しています。

ただし，$\quad s^2 = \dfrac{(N_1-1)s_1^2 + (N_2-1)s_2^2}{N_1+N_2-2}$

この検定統計量Tは，自由度N_1+N_2-2のt分布に従います。

11.2 2つの母平均の差の検定のしくみとは？

❸最後に，検定統計量 T が次の棄却域に入ったら，仮説 H_0 を棄却し対立仮説 H_1 を採択します。

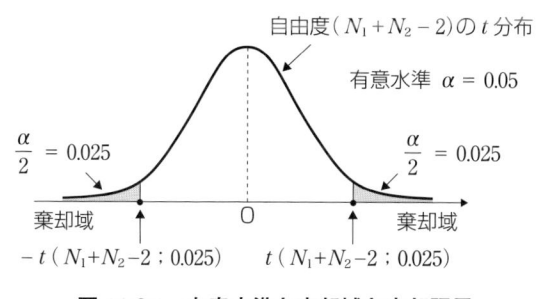

自由度 (N_1+N_2-2) の t 分布
有意水準 $\alpha = 0.05$
$\dfrac{\alpha}{2} = 0.025$
$\dfrac{\alpha}{2} = 0.025$
棄却域
棄却域
$-t(N_1+N_2-2 \ ; \ 0.025)$
$t(N_1+N_2-2 \ ; \ 0.025)$

$t(N_1+N_2-2 \ ; \ 0.025)$ を棄却限界というプ！

図 11.2.1 有意水準と棄却域と棄却限界

■ 検定統計量と有意確率と有意水準

検定統計量の外側の確率のことを，（両側）**有意確率**といいます。
したがって，

検定統計量が棄却域に入る

ということと

（両側）有意確率 $\leqq$ 有意水準

ということは，同じですね。

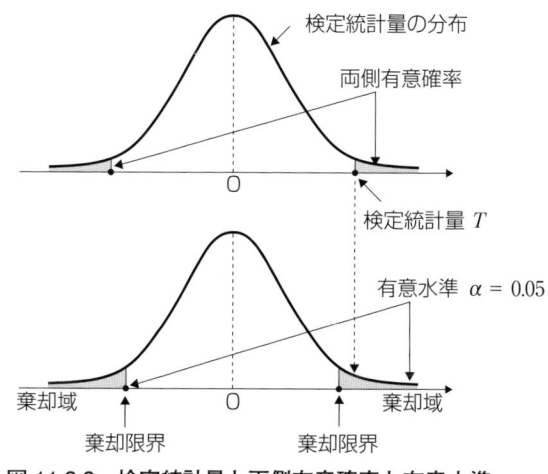

検定統計量の分布
両側有意確率
検定統計量 T

有意水準 $\alpha = 0.05$
棄却域
棄却域
棄却限界
棄却限界

仮説 H_0 が棄却されないときはp.159を見るプ～

図 11.2.2 検定統計量と両側有意確率と有意水準

第 11 章　統計的検定のススメ（1）― 2 つの母平均の差の検定 ―

11.3
2 つの母平均の差の検定の公式と例題

■ 公式　― 2 つの母平均の差の検定 ―

❶仮説と対立仮説をたてます。

　　　　仮説　　　H_0：母平均 μ_1 と母平均 μ_2 は等しい（$\mu_1 = \mu_2$）

　　　　対立仮説 H_1：母平均 μ_1 と母平均 μ_2 は異なる（$\mu_1 \neq \mu_2$）

❷検定統計量を計算します。

表 11.3.1　データの型

No.	データ x_1	x_1^2
1	x_{11}	x_{11}^2
2	x_{12}	x_{12}^2
$\vdots$	$\vdots$	$\vdots$
N_1	x_{1N_1}	$x_{1N_1}^2$
合計	$\sum_{i=1}^{N_1} x_{1i}$	$\sum_{i=1}^{N_1} x_{1i}^2$

表 11.3.2　データの型

No.	データ x_2	x_2^2
1	x_{21}	x_{21}^2
2	x_{22}	x_{22}^2
$\vdots$	$\vdots$	$\vdots$
N_2	x_{2N_2}	$x_{2N_2}^2$
合計	$\sum_{j=1}^{N_2} x_{2j}$	$\sum_{j=1}^{N_2} x_{2j}^2$

標本平均 $\overline{x_1} = \dfrac{\sum_{i=1}^{N_1} x_{1i}}{N_1}$　　　　標本平均 $\overline{x_2} = \dfrac{\sum_{j=1}^{N_2} x_{2j}}{N_2}$

標本分散 $s_1^2 = \dfrac{N_1 \cdot \left(\sum_{i=1}^{N_1} x_{1i}^2\right) - \left(\sum_{i=1}^{N_1} x_{1i}\right)^2}{N_1 \cdot (N_1 - 1)}$　　標本分散 $s_2^2 = \dfrac{N_2 \cdot \left(\sum_{j=1}^{N_2} x_{2j}^2\right) - \left(\sum_{j=1}^{N_2} x_{2j}\right)^2}{N_2 \cdot (N_2 - 1)}$

共通の分散 $s^2 = \dfrac{(N_1 - 1)s_1^2 + (N_2 - 1)s_2^2}{N_1 + N_2 - 2}$

検定統計量 $T = \dfrac{\overline{x_1} - \overline{x_2}}{\sqrt{\left(\dfrac{1}{N_1} + \dfrac{1}{N_2}\right) s^2}}$

❸検定統計量の絶対値と棄却限界の大小を比較します。

　検定統計量の絶対値 $|T| \geq$ 　棄却限界 $t(N_1 + N_2 - 2 ; 0.025)$ のとき，仮説 H_0 を棄却し，対立仮説 H_1 を採択します。

11.3 2つの母平均の差の検定の公式と例題

■ 例題 ―2つの母平均の差の検定―

❶例 11.0.1 のデータから，仮説と対立仮説をたてます。

仮説　　H_0：女子大学生と男子大学生のロボットの高さは等しい

対立仮説 H_1：女子大学生と男子大学生のロボットの高さは異なる

❷検定統計量を計算します。

表 11.3.3　女子大学生のグループ

被験者 No.	ロボットの高さ x_1	x_1^2
1	42	1764
2	58	3364
3	46	2116
4	43	1849
5	56	3136
6	57	3249
7	30	900
8	58	3364
9	39	1521
10	38	1444
11	51	2601
12	64	4096
合計	582	29404

表 11.3.4　男子大学生のグループ

被験者 No.	ロボットの高さ x_2	x_2^2
1	64	4096
2	81	6561
3	75	5625
4	41	1681
5	56	3136
6	45	2025
7	47	2209
8	52	2704
9	65	4225
10	86	7396
11	74	5476
12	52	2704
合計	738	47838

標本平均 $\overline{x_1} = \dfrac{582}{12} = 48.5$

標本平均 $\overline{x_2} = \dfrac{738}{12} = 61.5$

標本分散 $s_1^2 = \dfrac{12 \times 29404 - (582)^2}{12 \times (12-1)}$
$= 107.00$

標本分散 $s_2^2 = \dfrac{12 \times 47838 - (738)^2}{12 \times (12-1)}$
$= 222.82$

共通の分散 $s^2 = \dfrac{(12-1) \times 107.00 + (12-1) \times 222.82}{12 + 12 - 2} = 164.91$

検定統計量 $T = \dfrac{48.5 - 61.5}{\sqrt{\left(\dfrac{1}{12} + \dfrac{1}{12}\right) \times 164.91}} = -2.4797$

❸検定統計量の絶対値と棄却限界の大小を比較します。

$|T| = 2.4797$ は，$t(12+12-2 ; 0.025) = 2.074$ より大きいので仮説 H_0 は棄却されます。

第 11 章 統計的検定のススメ（1）―2 つの母平均の差の検定―

11.4
統計力を高めましょう

統計力 11.4.1

次のデータは，男子中学生と男子高校生を対象におこなった
ロボットについてのアンケート調査の結果です。

男子中学生と男子高校生とで，ロボットの高さに差があるかどうか
2 つの母平均の差の検定をして下さい。

アンケート調査票

項目 1　あなたはどのくらいの高さのロボットがいいですか？

　　　　ロボットの高さ ＿＿＿＿＿＿ cm

表 11.4.1　男子中学生のグループ

被験者 No.	ロボットの高さ x_1	x_1^2
1	83	
2	92	
3	85	
4	79	
5	94	
6	90	
7	71	
8	95	
9	79	
10	62	
11	89	
12	71	
13	75	
合計		

表 11.4.2　男子高校生のグループ

被験者 No.	ロボットの高さ x_2	x_2^2
1	79	
2	95	
3	81	
4	53	
5	64	
6	60	
7	56	
8	67	
9	74	
10	92	
11	88	
12	69	
13	61	
14	64	
合計		

11.4 統計力を高めましょう

❶仮説と対立仮説をたてます。

仮説　　H_0：□
対立仮説 H_1：□

❷検定統計量を計算します。

標本平均 $\overline{x_1} = \dfrac{\Box}{\Box} = \Box$　　　　標本平均 $\overline{x_2} = \dfrac{\Box}{\Box} = \Box$

標本分散 $s_1^2 = \dfrac{\Box \times \Box - \Box^2}{\Box \times (\Box - 1)}$　　標本分散 $s_2^2 = \dfrac{\Box \times \Box - \Box^2}{\Box \times (\Box - 1)}$

　　　　　$= \Box$　　　　　　　　　　　　　　　$= \Box$

共通の分散 $s^2 = \dfrac{(\Box - 1) \times \Box + (\Box - 1) \times \Box}{\Box + \Box - 2}$

検定統計量 $T = \dfrac{\Box - \Box}{\sqrt{\left(\dfrac{1}{\Box} + \dfrac{1}{\Box}\right) \times \Box}} = \Box$

❸検定統計量の絶対値と棄却限界の大小を比較します。

$|T| = \Box$ は，$t(\Box + \Box - 2 ; 0.025) = \Box$ より $\Box$ ので，仮説 H_0 は棄却 □ 。

> 仮説 H_0：母平均 μ_1 と母平均 μ_2 は等しい
> 対立仮説 H_1：母平均 μ_1 と母平均 μ_2 は異なる
>
> この仮説 H_0 が棄却されないときどう表現する？
>
> ⬇
>
> この仮説 H_0 が棄却されないときは
> "母平均 μ_1 と母平均 μ_2 は異なるとはいえない"
> という表現をするプ！

第 11 章　統計的検定のススメ（1）―2 つの母平均の差の検定―

統計力 11.4.2

次のデータは，ロボットに触れたことのないグループと触れたことのあるグループを対象におこなったアンケート調査の結果です。

この 2 つのグループにおいて，ロボットとの距離に差があるかどうか，2 つの母平均の差の検定をして下さい。

アンケート調査票

項目 1　あなたはロボットとの距離はどのくらいがいいと思いますか？

　　　　ロボットとの距離 ＿＿＿＿ cm

表 11.4.3　触れたことがない
　　　　　グループ

被験者 No.	ロボットとの距離
1	46
2	27
3	35
4	54
5	36
6	21
7	85
8	57
9	30
10	38
11	98
12	35
13	96
14	57
15	68

表 11.4.4　触れたことがある
　　　　　グループ

被験者 No.	ロボットとの距離
1	35
2	16
3	27
4	53
5	47
6	19
7	25
8	64
9	31
10	57
11	18
12	14
13	57
14	21

第 12 章

統計的検定のススメ（2）
―対応のある 2 つの母平均の差の検定―

この章では
統計的検定の一つである
　・対応のある 2 つの母平均の差の検定
について学びます。

第 12 章　統計的検定のススメ（2）―対応のある 2 つの母平均の差の検定―

12.0
はじめに

対応のあるとは

　　　　使用前と使用後

とか

　　　　実験前と実験後

といった関係のことです。

（paired t-test ともいうプ！）

したがって，この検定には，次の 2 通りの仮説の型があります。

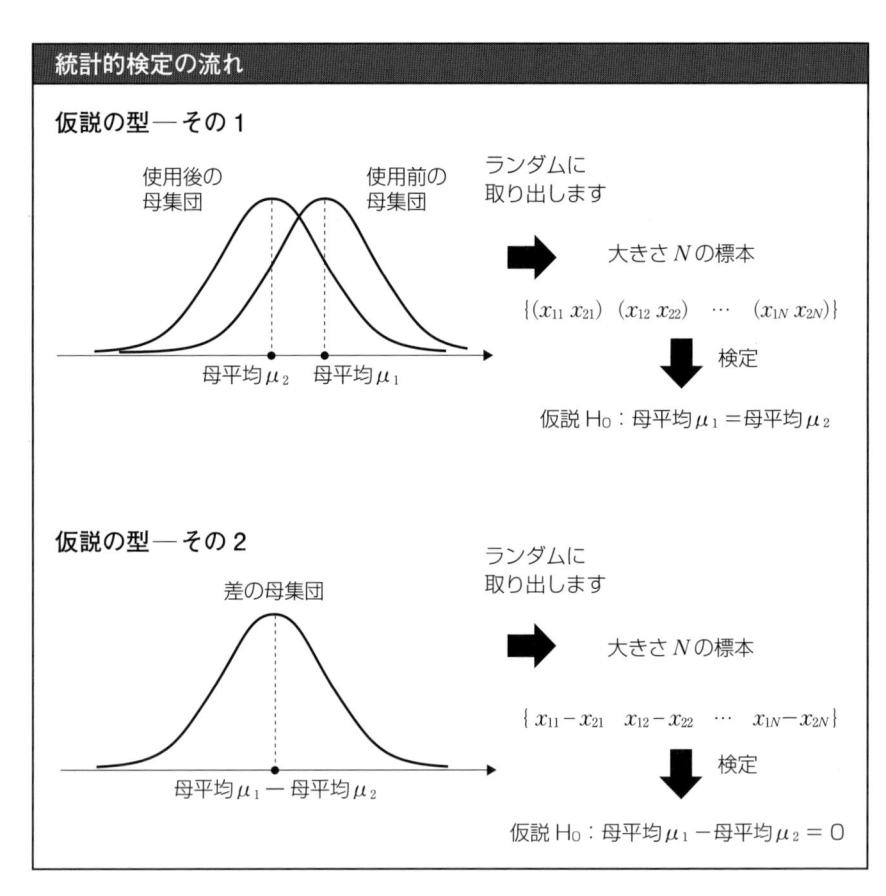

統計的検定の流れ

仮説の型―その1

使用後の母集団　　使用前の母集団

母平均 μ_2　母平均 μ_1

ランダムに取り出します

➡ 大きさ N の標本

$\{(x_{11}\ x_{21})\ (x_{12}\ x_{22})\ \cdots\ (x_{1N}\ x_{2N})\}$

⬇ 検定

仮説 H_0：母平均 μ_1 ＝母平均 μ_2

仮説の型―その2

差の母集団

母平均 μ_1 － 母平均 μ_2

ランダムに取り出します

➡ 大きさ N の標本

$\{x_{11}-x_{21}\ \ x_{12}-x_{22}\ \cdots\ x_{1N}-x_{2N}\}$

⬇ 検定

仮説 H_0：母平均 μ_1 －母平均 μ_2 ＝ 0

12.0 はじめに

心理系のデータを使って
　　　　対応のある2つの母平均の差の検定
をしてみましょう！

■ 心理系のデータ

例 12.0.1

次のデータは，女子大学生15人を対象に，
ロボットに触れる前と触れた後で，ロボットとの距離をたずねた
アンケート調査の結果です。

アンケート調査票

項目1　あなたはロボットとの距離はどのくらいがいいと思いますか？

　　　　ロボットとの距離　＿＿＿＿＿ cm

表 12.0.1　女子大学生のグループ

被験者 No.	触れる前の ロボットとの距離	触れた後の ロボットとの距離
1	171	145
2	202	164
3	190	170
4	179	151
5	161	183
6	196	159
7	210	182
8	182	161
9	195	173
10	163	159
11	219	175
12	173	194
13	224	167
14	135	180
15	193	151

このデータは前と後なので
対応関係があります!!
ロボットに触れる前と触れた後で，
ロボットとの距離は変化するのかな？

第12章 統計的検定のススメ（2）―対応のある2つの母平均の差の検定―

12.1
対応のある2つの母平均の差の検定のしくみとは？

例 12.0.1 のデータは，同じ被験者に対して
触れる前と後のロボットとの距離
をたずねていますから，"対応のあるデータ"になっています。

表 12.1.1　前と後と差のデータ

被験者 No.	触れる前の ロボットとの距離	触れた後の ロボットとの距離	差
1	171	145	171 − 145 = 26
2	202	164	202 − 164 = 38
3	190	170	190 − 170 = 20
4	179	151	179 − 151 = 28
5	161	183	161 − 183 = −22
6	196	159	196 − 159 = 37
7	210	182	210 − 182 = 28
8	182	161	182 − 161 = 21
9	195	173	195 − 173 = 22
10	163	159	163 − 159 = 4
11	219	175	219 − 175 = 44
12	173	194	173 − 194 = −21
13	224	167	224 − 167 = 57
14	135	180	135 − 180 = −45
15	193	151	193 − 151 = 42

このような"対応のあるデータ"の場合，仮説は
　　仮説 H_0：触れる前のロボットとの距離＝触れた後のロボットとの距離
となりますが，知りたいことは
　　『ロボットに触れることにより，人とロボットとの距離は変化するのか？』
ということなので
触れる前と触れた後でのロボットとの距離の差をとり
　　　　　　仮説 H_0：触れる前の距離−触れた後の距離＝0
としてもいいですね。

12.1 対応のある2つの母平均の差の検定のしくみとは？

対応のある2つの母平均の差の検定のしくみは，次のようになります。

❶始めに，仮説と対立仮説をたてます。

　　仮説　　　H_0：触れる前と触れた後でロボットとの距離は変化しない
　　対立仮説　H_1：触れる前と触れた後でロボットとの距離は変化する

❷次に，検定統計量を計算します。

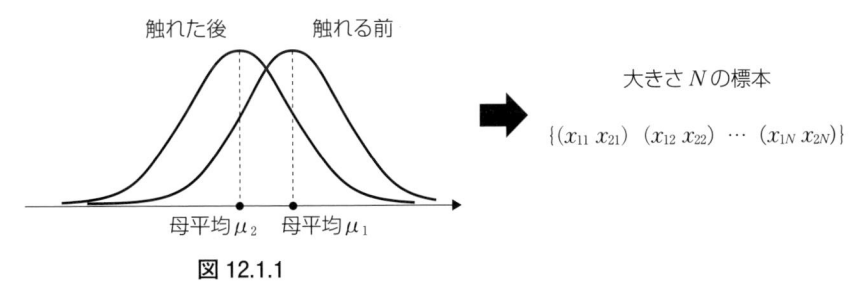

図 12.1.1

大きさ N の標本

$\{(x_{11}\ x_{21})\ (x_{12}\ x_{22})\ \cdots\ (x_{1N}\ x_{2N})\}$

このとき，

$$x = x_1 - x_2$$

とおくと，次の検定統計量 T は自由度 $N-1$ の t 分布に従います。

$$T = \frac{\overline{x}}{\sqrt{\dfrac{s^2}{N}}}$$

ただし，$\overline{x}$ は $x_1 - x_2$ の標本平均，s^2 は $x_1 - x_2$ の標本分散とします。

❸最後に，検定統計量 T が次の棄却域に入ったら，仮説 H_0 を棄却し，対立仮説 H_1 を採択します。

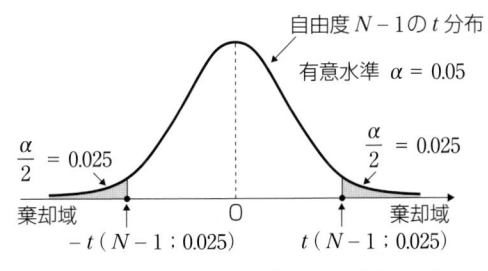

自由度 $N-1$ の t 分布
有意水準 $\alpha = 0.05$
$\dfrac{\alpha}{2} = 0.025$
$\dfrac{\alpha}{2} = 0.025$
棄却域　　棄却域
$-t(N-1:0.025)$　$t(N-1:0.025)$

図 12.1.2　有意水準と棄却域と棄却限界

$t(N-1:0.025)$ を棄却限界というブ！

第12章 統計的検定のススメ（2）―対応のある2つの母平均の差の検定―

12.2
対応のある2つの母平均の差の検定の公式と例題

■ 公式　―対応のある2つの母平均の差の検定―

❶ 仮説と対立仮説をたてます。

　　　　仮説　　　H_0：母平均 μ_1 － 母平均 μ_2 ＝ 0　（変化しない）

　　　　対立仮説 H_1：母平均 μ_1 － 母平均 μ_2 ≠ 0　（変化する）

❷ 検定統計量を計算します。

表12.2.1　データの型

No.	データ x_1	データ x_2	$x = x_1 - x_2$	x^2
1	x_{11}	x_{21}	$x_1 = x_{11} - x_{21}$	x_1^2
2	x_{12}	x_{22}	$x_2 = x_{12} - x_{22}$	x_2^2
⋮	⋮	⋮	⋮	⋮
N	x_{1N}	x_{2N}	$x_N = x_{1N} - x_{2N}$	x_N^2
合計	$\sum_{i=1}^{N} x_{1i}$	$\sum_{i=1}^{N} x_{2i}$	$\sum_{i=1}^{N} x_i$	$\sum_{i=1}^{N} x_i^2$

$$標本平均\ \bar{x} = \frac{\sum_{i=1}^{N} x_i}{N}$$

$$標本分散\ s^2 = \frac{N \cdot \left(\sum_{i=1}^{N} x_i^2\right) - \left(\sum_{i=1}^{N} x_i\right)^2}{N \cdot (N-1)}$$

$$検定統計量\ T = \frac{\bar{x}}{\sqrt{\dfrac{s^2}{N}}}$$

｜T｜は T の絶対値だプ！

❸ 検定統計量の絶対値と棄却限界の大小を比較します。

　検定統計量の絶対値｜T｜≧ 棄却限界 $t(N-1 ; 0.025)$ のとき仮説 H_0 を棄却し，対立仮説 H_1 を採択します。

12.2 対応のある2つの母平均の差の検定の公式と例題

■ 例題 —対応のある2つの母平均の差の検定—

❶例 12.0.1 のデータから,仮説と対立仮説をたてます。

　　仮説　　　H_0：触れる前と触れた後でロボットとの距離は変化しない
　　対立仮説 H_1：触れる前と触れた後でロボットとの距離は変化する

❷検定統計量を計算します。

表 12.2.2　データと統計量

被験者 No.	触れる前の ロボットとの距離 x_1	触れた後の ロボットとの距離 x_2	$x = x_1 - x_2$	$x^2 = (x_1 - x_2)^2$
1	171	145	26	676
2	202	164	38	1444
3	190	170	20	400
4	179	151	28	784
5	161	183	−22	484
6	196	159	37	1369
7	210	182	28	784
8	182	161	21	441
9	195	173	22	484
10	163	159	4	16
11	219	175	44	1936
12	173	194	−21	441
13	224	167	57	3249
14	135	180	−45	2025
15	193	151	42	1764
合計			279	16297

$$\text{標本平均 } \bar{x} = \frac{279}{15} = 18.6$$

$$\text{標本分散 } s^2 = \frac{15 \times 16297 - (279)^2}{15 \times (15-1)} = 793.40$$

$$\text{検定統計量 } T = \frac{18.6}{\sqrt{\dfrac{793.4}{15}}} = 2.557$$

❸検定統計量の絶対値と棄却限界の大小を比較します。

　$|T| = 2.557$ は,$t(15-1 ; 0.025) = 2.145$ より大きいので,仮説 H_0 は棄却されます。

第 12 章　統計的検定のススメ（2）—対応のある 2 つの母平均の差の検定—

12.3
統計力を高めましょう

統計力 12.3.1

次のデータは，男子大学生 13 人を対象に，ロボットに触れる前と触れた後において，ロボットとの距離をたずねたアンケート調査の結果です。

ロボットに触れる前と触れた後とでは，ロボットとの距離は変化しているのでしょうか？　対応のある 2 つの母平均の差の検定をして下さい。

アンケート調査票

項目 1　あなたはロボットとの距離はどのくらいがいいと思いますか？

　　　　ロボットとの距離　_____ cm

表 12.3.1　男子大学生のグループ

被験者 No.	触れる前の ロボットとの距離 x_1	触れた後の ロボットとの距離 x_2	$x = x_1 - x_2$	$x^2 = (x_1 - x_2)^2$
1	163	126		
2	154	159		
3	171	148		
4	176	153		
5	131	140		
6	152	135		
7	190	177		
8	156	161		
9	155	146		
10	173	168		
11	187	149		
12	141	131		
13	148	150		
合計				

12.3 統計力を高めましょう

❶仮説と対立仮説をたてます。

　　　仮説　　H_0：[　　　　　　　　　　　　　　　]
　　　対立仮説 H_1：[　　　　　　　　　　　　　　　]

❷検定統計量を計算します。

$$\bar{x} = \frac{\Box}{\Box} = \Box$$

$$s^2 = \frac{\Box \times \Box - \Box^2}{\Box \times (\Box - 1)} = \Box$$

$$T = \frac{\Box}{\sqrt{\frac{\Box}{\Box}}} = \Box$$

❸検定統計量の絶対値と棄却限界の大小を比較します。

　$|T| = \Box$ は，$t(\Box - 1 ; 0.025) = \Box$ より $\Box$ ので，仮説 H_0 は棄却 [　　　　]。

> 仮説 H_0：母平均 μ_1 と母平均 μ_2 は変化しない
> 対立仮説 H_1：母平均 μ_1 と母平均 μ_2 は変化する
>
> この仮説 H_0 が棄却されないときどう表現する？
>
> ⬇
>
> この仮説 H_0 が棄却されないときは
> "**母平均 μ_1 と母平均 μ_2 は変化するとはいえない**"
> という表現をするプ!!

第 12 章　統計的検定のススメ（2）—対応のある 2 つの母平均の差の検定—

統計力 12.3.2

次のデータは，大学生 11 人を対象に，ロボットに触れる前と触れた後において，ロボットの幅をたずねたアンケート調査の結果です。

ロボットに触れる前と触れた後とでは，ロボットの幅は変化しているのでしょうか？　対応のある 2 つの母平均の差の検定をして下さい。

アンケート調査票

項目 1　あなたはロボットとの距離はどのくらいがいいと思いますか？

　　　　ロボットとの距離　_____ cm

表 12.3.2　大学生のグループ

被験者 No.	触れる前の ロボットの幅	触れた後の ロボットの幅
1	60	54
2	57	57
3	61	53
4	64	56
5	44	48
6	53	46
7	69	61
8	56	60
9	62	57
10	57	62
11	66	55
合計		

第13章

クロス集計表と独立性の検定のススメ

この章では
・クロス集計表
・独立性の検定
について学びます。

第13章　クロス集計表と独立性の検定のススメ

13.0 はじめに

クロス集計表とは，次のような表のことです。

表 13.0.1　2×2 クロス集計表

	属性 B	
	カテゴリ B_1	カテゴリ B_2
属性 A　カテゴリ A_1	▓ 個	▓ 個
属性 A　カテゴリ A_2	▓ 個	▓ 個

クロス集計表
= cross table

独立性の検定とは，
　　　　"A と B の間に関連があるかどうか"
を調べる仮説の検定のことです。

仮説は次のようになります。

　　　　　　仮説 H_0：A と B は独立である

この仮説 H_0 が棄却されると

　　　　　　A と B の間に関連がある

となります。

A と B のことを
属性 A，属性 B
といったりするプ！

心理系のデータを使って
　　　　クロス集計表と独立性の検定
をしてみましょう。

13.0 はじめに

■ 心理系のデータ

例 13.0.1

次のデータは，大学生 100 人を対象におこなったロボットについてのアンケート調査の結果で，次頁の**表 13.1.1** をまとめたものです。

表 13.0.2　大学生のグループ

		ロボットに触れたことの有無		合計
		ある	ない	
性別	女性	13	38	51
	男性	23	26	49
合計		36	64	100

この 2×2 クロス集計表の 2 つの属性は

　　　　性別　と　ロボットに触れたことの有無

になります。

いろいろな形のクロス集計表があるプ！

2×3 クロス集計表

		B		
		カテゴリ B_1	カテゴリ B_2	カテゴリ B_3
A	カテゴリ A_1			
	カテゴリ A_2			

3×3 クロス集計表

		B		
		カテゴリ B_1	カテゴリ B_2	カテゴリ B_3
A	カテゴリ A_1			
	カテゴリ A_2			
	カテゴリ A_3			

第13章 クロス集計表と独立性の検定のススメ

13.1
クロス集計表とは？

例 13.0.1 のクロス集計表は，次のアンケート調査の結果をまとめたものです。

アンケート調査票

項目1　あなたの性別をおたずねします。

　　　　1　女性　　　2　男性

項目2　あなたはロボットに触れたことがありますか？

　　　　1　ある　　　2　ない

表 13.1.1

被験者 No.	性別	ロボットに触れた ことの有無	被験者 No.	性別	ロボットに触れた ことの有無
1	男性	ない	16	女性	ない
2	女性	ない	17	男性	ある
3	女性	ない	18	女性	ない
4	男性	ある	19	男性	ある
5	女性	ない	20	女性	ある
6	女性	ない	21	男性	ない
7	女性	ない	22	女性	ない
8	女性	ない	23	女性	ない
9	男性	ある	24	女性	ない
10	女性	ない	25	女性	ない
11	男性	ない	26	女性	ある
12	男性	ない	27	男性	ある
13	女性	ない	28	女性	ある
14	女性	ある	29	男性	ない
15	男性	ある	30	女性	ない

13.1 クロス集計表とは？

表 13.1.1（続き）

被験者No.	性別	ロボットに触れたことの有無	被験者No.	性別	ロボットに触れたことの有無
31	男性	ある	66	男性	ない
32	女性	ない	67	女性	ない
33	女性	ある	68	女性	ない
34	女性	ない	69	男性	ない
35	男性	ない	70	女性	ない
36	女性	ある	71	男性	ある
37	男性	ない	72	男性	ない
38	男性	ない	73	女性	ない
39	女性	ない	74	男性	ある
40	女性	ない	75	男性	ない
41	男性	ない	76	男性	ない
42	男性	ない	77	女性	ない
43	女性	ある	78	女性	ない
44	男性	ない	79	女性	ある
45	男性	ない	80	男性	ある
46	男性	ない	81	女性	ない
47	男性	ある	82	男性	ある
48	女性	ない	83	男性	ある
49	女性	ない	84	女性	ない
50	女性	ある	85	男性	ない
51	女性	ある	86	男性	ない
52	女性	ない	87	男性	ある
53	男性	ある	88	女性	ある
54	男性	ない	89	男性	ある
55	女性	ない	90	女性	ない
56	男性	ある	91	男性	ない
57	男性	ない	92	男性	ある
58	男性	ない	93	男性	ある
59	男性	ある	94	女性	ない
60	男性	ある	95	女性	ない
61	男性	ある	96	男性	ない
62	女性	ない	97	女性	ある
63	女性	ない	98	男性	ない
64	男性	ある	99	女性	ない
65	女性	ない	100	女性	ある

第13章 クロス集計表と独立性の検定のススメ

■ Excel でクロス集計表にまとめる

Excel のような表計算用ソフトを利用すると，このアンケート調査の結果が，次のようなクロス集計表にまとめられます。

表 13.1.2　2×2クロス集計表

	ある	ない
女性	13	38
男性	23	26

クロス集計表にまとめる方法は

　　　　　ピボットテーブル

が，便利ですが，**並べ替え**を利用する方法もあります。

❶　並べ替えとフィルタ

❷　ユーザ設定の並べ替え

❸　レベルの追加

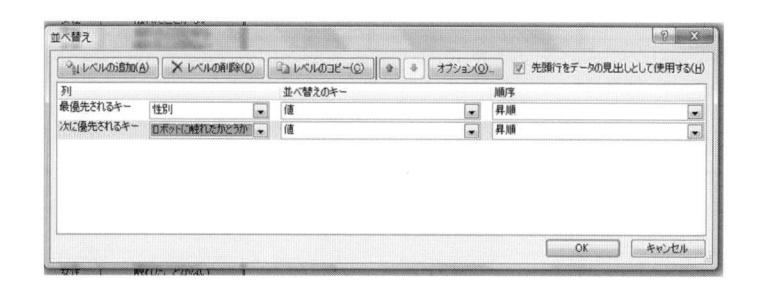

すると，次のように　性別⇨ロボットに触れたことの有無の順で，データを並び替えられます。

13.1 クロス集計表とは？

表13.1.3　データの並べ替え

被験者No.	性別	ロボットに触れたことの有無		被験者No.	性別	ロボットに触れたことの有無	
14	女性	ある		4	男性	ある	
20	女性	ある		9	男性	ある	
26	女性	ある		15	男性	ある	
28	女性	ある		17	男性	ある	
33	女性	ある		19	男性	ある	
36	女性	ある		27	男性	ある	
43	女性	ある	13人	31	男性	ある	
50	女性	ある		47	男性	ある	
51	女性	ある		53	男性	ある	
79	女性	ある		56	男性	ある	
88	女性	ある		59	男性	ある	23人
97	女性	ある		60	男性	ある	
100	女性	ある		61	男性	ある	
2	女性	ない		64	男性	ある	
3	女性	ない		71	男性	ある	
5	女性	ない		74	男性	ある	
6	女性	ない		80	男性	ある	
7	女性	ない		82	男性	ある	
8	女性	ない		83	男性	ある	
10	女性	ない		87	男性	ある	
13	女性	ない		89	男性	ある	
16	女性	ない		92	男性	ある	
18	女性	ない		93	男性	ある	
22	女性	ない		1	男性	ない	
23	女性	ない		11	男性	ない	
24	女性	ない		12	男性	ない	
25	女性	ない		21	男性	ない	
30	女性	ない		29	男性	ない	
32	女性	ない		35	男性	ない	
34	女性	ない		37	男性	ない	
39	女性	ない	38人	38	男性	ない	
40	女性	ない		41	男性	ない	
48	女性	ない		42	男性	ない	
49	女性	ない		44	男性	ない	
52	女性	ない		45	男性	ない	
55	女性	ない		46	男性	ない	26人
62	女性	ない		54	男性	ない	
63	女性	ない		57	男性	ない	
65	女性	ない		58	男性	ない	
67	女性	ない		66	男性	ない	
68	女性	ない		69	男性	ない	
70	女性	ない		72	男性	ない	
73	女性	ない		75	男性	ない	
77	女性	ない		76	男性	ない	
78	女性	ない		85	男性	ない	
81	女性	ない		86	男性	ない	
84	女性	ない		91	男性	ない	
90	女性	ない		96	男性	ない	
94	女性	ない		98	男性	ない	
95	女性	ない					
99	女性	ない					

13.2
独立？ オッズ比？ 2つの比率の差

ここでは

　　　　　　　　独立　　オッズ比　　2つの比率の差

という3つの概念について考えます。

■ 独立とは？

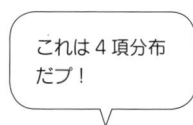

次のような2×2クロス集計表に対して

表 13.2.1　2×2クロス集計表

	Bが起こる	Bが起こらない
Aが起こる	a	b
Aが起こらない	c	d

これは4項分布だプ！

確率 $P(A)$, $P(B)$, $P(A \cap B)$ を次のように定義します。

$$P(A) = \frac{a+b}{a+b+c+d} \quad \cdots \quad \text{Aが起こる確率}$$

$$P(B) = \frac{a+c}{a+b+c+d} \quad \cdots \quad \text{Bが起こる確率}$$

$$P(A \cap B) = \frac{a}{a+b+c+d} \quad \cdots \quad \text{AとBが同時に起こる確率}$$

このとき，AとBが**独立**とは

$$P(A) \times P(B) = P(A \cap B)$$

が成り立つことです。

事象の独立ともいうプ！

したがって，

$$\frac{a+b}{a+b+c+d} \times \frac{a+c}{a+b+c+d} = \frac{a}{a+b+c+d}$$

となります。

そこで…

13.2 独立？オッズ比？ 2つの比率の差

この式を変形すると

$$\frac{ad}{bc} = 1$$

となります。
ところで、この左辺をAとBのオッズ比ともいいます。

■ オッズ比とは？

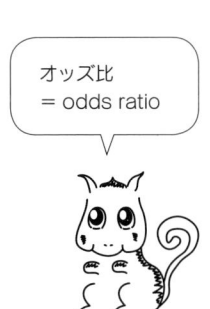

オッズとは

$$\begin{cases} 出来事Aが起こる確率 = p \\ 出来事Aが起こらない確率 = 1-p \end{cases}$$

としたときの比

$$オッズ = \frac{p}{1-p}$$

のことです。

> オッズ比
> = odds ratio

オッズ比は、2つのオッズの比のことです。

したがって、出来事Aと出来事Bのオッズ比は、次のようになります。

表 13.2.2 オッズとオッズ比

	起こる確率	起こらない確率	オッズ	オッズ比
出来事A	p	$1-p$	$\dfrac{p}{1-p}$	$\dfrac{p}{1-p}$
出来事B	q	$1-q$	$\dfrac{q}{1-q}$	$\dfrac{q}{1-q}$

次の2つのオッズ比は、よく似ていますね。

$$\frac{a \times d}{b \times c} \quad \longleftrightarrow \quad \frac{p \times (1-q)}{(1-p) \times q}$$

第13章　クロス集計表と独立性の検定のススメ

■ 2つの比率の差とは？

2つの2項分布が，次のようになっているとします。

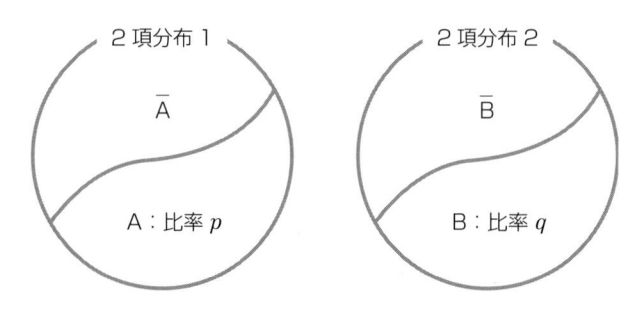

図 13.2.1　2つの2項分布

このとき

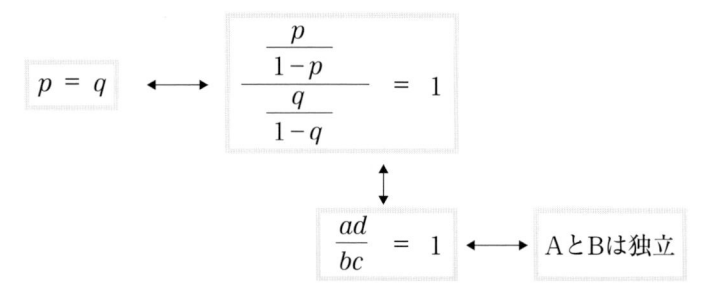

$$p = q \longleftrightarrow \frac{\dfrac{p}{1-p}}{\dfrac{q}{1-q}} = 1$$

$$\updownarrow$$

$$\frac{ad}{bc} = 1 \longleftrightarrow \text{AとBは独立}$$

となります。

したがって，次の3つの仮説の検定

　　　　仮説 H_0：AとBは独立である
　　　　仮説 H_0：オッズ比は1である
　　　　仮説 H_0：2つの母比率 p, q は等しい

は同じ検定ですね。

13.3 独立性の検定の公式— $m \times n$ クロス集計表の場合—

❶仮説と対立仮説をたてます。

仮説　　H_0：A と B は独立である

対立仮説 H_1：A と B は関連がある

❷検定統計量を計算します。

表 13.3.1　$m \times n$ クロス集計表

A\B	B_1	B_2	$\cdots$	B_n	合計
A_1	f_{11}	f_{12}	$\cdots$	f_{1n}	f_{1B}
A_2	f_{21}	f_{22}	$\cdots$	f_{2n}	f_{2B}
$\vdots$	$\vdots$	$\vdots$	$\vdots$	$\vdots$	
A_m	f_{m1}	f_{m2}	$\cdots$	f_{mn}	f_{mB}
合計	f_{A1}	f_{A2}	$\cdots$	f_{An}	N

検定統計量 T

$$T = \sum_{i=1}^{m} \sum_{j=1}^{n} \frac{(N \cdot f_{ij} - f_{Aj} \cdot f_{iB})^2}{N \cdot f_{Aj} \cdot f_{iB}}$$

❸検定統計量と棄却限界の大小を比較します。

自由度 $(m-1) \times (n-1)$ のカイ2乗分布

有意水準 $\alpha = 0.05$

棄却域

$\chi^2((m-1) \times (n-1); 0.05)$

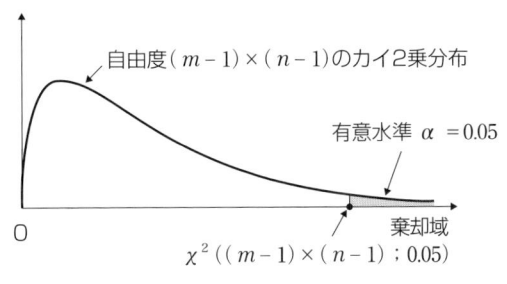

図 13.3.1　有意水準と棄却域と棄却限界

自由度 $(m-1) \times (n-1)$ によって，カイ2乗分布のグラフの形は異なるブ！

13.4 独立性の検定の公式と例題

■ 公式 ―独立性の検定（2×2クロス集計表の場合）―

❶仮説と対立仮説をたてます。

仮説　　H_0：AとBは独立である
対立仮説 H_1：AとBは関連がある

❷検定統計量を計算します。

表 13.4.1　2×2クロス集計表

A＼B	B_1	B_2	合計
A_1	f_{11}	f_{12}	f_{1B}
A_2	f_{21}	f_{22}	f_{2B}
合計	f_{A1}	f_{A2}	N

$N = f_{11} + f_{12} + f_{21} + f_{22}$
$= f_{1B} + f_{2B}$
$= f_{A1} + f_{A2}$

表 13.4.2

A＼B	B_1	B_2
A_1	$N \cdot f_{11} - f_{A1} \cdot f_{1B}$	$N \cdot f_{12} - f_{A2} \cdot f_{1B}$
A_2	$N \cdot f_{21} - f_{A1} \cdot f_{2B}$	$N \cdot f_{22} - f_{A2} \cdot f_{2B}$

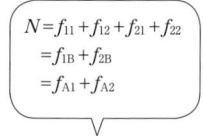

検定統計量 T

$$T = \frac{(N \cdot f_{11} - f_{A1} \cdot f_{1B})^2}{N \cdot f_{A1} \cdot f_{1B}} + \frac{(N \cdot f_{12} - f_{A2} \cdot f_{1B})^2}{N \cdot f_{A2} \cdot f_{1B}}$$
$$+ \frac{(N \cdot f_{21} - f_{A1} \cdot f_{2B})^2}{N \cdot f_{A1} \cdot f_{2B}} + \frac{(N \cdot f_{22} - f_{A2} \cdot f_{2B})^2}{N \cdot f_{A2} \cdot f_{2B}}$$

❸検定統計量と棄却限界の大小を比較します。

検定統計量 $T \geq$ 棄却限界 $\chi^2(1;0.05)$ のとき，仮説 H_0 を棄却し，対立仮説 H_1 を採択します。

13.4 独立性の検定の公式と例題

■ 例題 —独立性の検定（2×2クロス集計表の場合）—

❶例 13.0.1 のデータから，仮説と対立仮説をたてます。

　　　　　仮説　　H_0：性別とロボットに触れたことの有無は独立である
　　　　　対立仮説 H_1：性別とロボットに触れたことの有無は関連がある

❷検定統計量を計算します。

表 13.4.3　2×2クロス集計表

		ロボットに触れたことの有無		合計
		ある	ない	
性別	女性	13	38	51
	男性	23	26	49
合計		36	64	100

表 13.4.4

		ロボットに触れたことの有無	
		ある	ない
性別	女性	−536	536
	男性	536	−536

検定統計量 T

$$T = \frac{(-536)^2}{100 \times 36 \times 51} + \frac{(536)^2}{100 \times 64 \times 51} + \frac{(536)^2}{100 \times 36 \times 49} + \frac{(-536)^2}{100 \times 64 \times 49}$$
$$= 4.990$$

❸検定統計量と棄却限界の大小を比較します。

$T = 4.990$ は，$\chi^2(1;0.05) = 3.84146$ より大きいので，仮説 H_0 は棄却されます。

13.5 統計力を高めましょう

統計力 13.5.1

次のデータは小学生100人を対象におこなったロボットについてのアンケート調査の結果です。

学年とロボットのタイプについて，独立性の検定をして下さい。

アンケート調査票

項目1　あなたの学年をおたずねします。

　　　　1　低学年　　　2　高学年

項目2　あなたは次のどちらのタイプのロボットが好きですか？

　　　　1　アトム型　　　2　ドラえもん型

表 13.5.1　小学生のグループ

学年		ロボットのタイプ		
		アトム型	ドラえもん型	合計
学年	低学年	12	36	48
	高学年	25	27	52
合計		37	63	100

13.5 統計力を高めましょう

❶仮説と対立仮説をたてます。

仮説　　　H_0：_____
対立仮説　H_1：_____

❷検定統計量 T を計算します。

$$T = \frac{\boxed{}^2}{\boxed{} \times \boxed{} \times \boxed{}} + \frac{\boxed{}^2}{\boxed{} \times \boxed{} \times \boxed{}}$$

$$+ \frac{\boxed{}^2}{\boxed{} \times \boxed{} \times \boxed{}} + \frac{\boxed{}^2}{\boxed{} \times \boxed{} \times \boxed{}}$$

$$= \boxed{}$$

❸検定統計量と棄却限界の大小を比較します。

$T = \boxed{}$ は，$\chi^2 (1 ; 0.05) = \boxed{}$ より $\boxed{}$ ので，
仮説 H_0 は棄却 $\boxed{}$ 。

次のページに
統計力 13.5.2
もあるプ

第13章　クロス集計表と独立性の検定のススメ

統計力 13.5.2

次のデータは，大学生119人を対象におこなった
ロボットについてのアンケート調査の結果です。

性別とロボットの性質について，独立性の検定をして下さい。

アンケート調査票

項目1　あなたの性別をおたずねします。

　　　　1　女性　　　2　男性

項目2　あなたは次のどちらの性質のロボットが好きですか？

　　　　1　安全&スロー　　　2　危険&スピーディ

表13.5.2　大学生のグループ

		ロボットの性質		
		安全&スロー	危険&スピーディ	合計
性別	女性	41	25	66
	男性	17	36	53
	合計	58	61	119

第14章

時系列データと予測のススメ

この章では
- 時系列データ
- 3項移動平均

続いて，
時系列データの予測のための
- 指数平滑化

について学びます。

第 14 章　時系列データと予測のススメ

14.0
はじめに

時系列データとは，時間と共に変化するデータのことです。

表 14.0.1

時間 t	1	2	3	…	t
データ $x(t)$	$x(1)$	$x(2)$	$x(3)$	…	$x(t)$

> 時系列データ
> = time series data

例えば，ある作業中の心拍数などは，時間と共に変化しているので時系列データになっています。

表 14.0.2

時間	心拍数
作業前	65
1 分後	78
2 分後	106
3 分後	102
4 分後	110
5 分後	105
6 分後	109
7 分後	81
8 分後	83
9 分後	76
10 分後	75

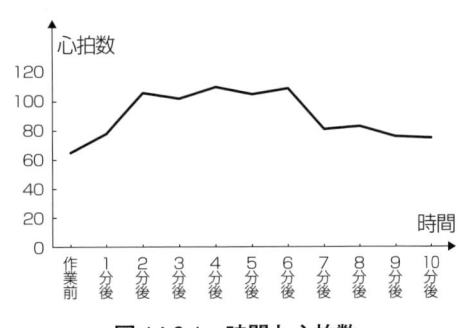

図 14.0.1　時間と心拍数

このような時系列データの場合，知りたいことは，心拍数の変化の様子や心拍数の予測値です。

時系列データのカンタンな予測の方法として

　　　3 項移動平均
　　　指数平滑化

などがあります。

> 予測の方法は他に自己回帰モデルやARIMA モデルもあるブ！

14.0 はじめに

心理系のデータを使って，時系列分析をしてみましょう！

■ 心理系のデータ

例 14.0.1

次のデータは，アニマルセラピーによるストレス軽減効果についての調査結果です。

3種類の動物について，セラピー前からセラピーを始めて20週間後までのPOMSを調べています。

POMS
= Profile of Mood States
その人の気分や感情状態を測定するアンケート調査。点数が高いほど好ましくない状態であることを示す。

表 14.0.3　アニマルセラピーにおける POMS

週	ウサギのセラピーによるPOMS得点	モルモットのセラピーによるPOMS得点	イルカのセラピーによるPOMS得点
セラピー前	38	39	35
1 週間後	37	35	37
2 週間後	34	38	36
3 週間後	29	32	39
4 週間後	25	36	34
5 週間後	14	28	21
6 週間後	21	32	31
7 週間後	12	29	29
8 週間後	17	26	24
9 週間後	19	38	13
10 週間後	14	21	12
11 週間後	18	17	7
12 週間後	16	13	10
13 週間後	12	18	6
14 週間後	7	14	5
15 週間後	11	11	12
16 週間後	12	15	7
17 週間後	8	14	3
18 週間後	6	10	11
19 週間後	5	11	5
20 週間後	6	8	7

動物の種類によってPOMSの変化のパターンに違いがあるかどうか？
21週目のPOMSの値は？

第 14 章　時系列データと予測のススメ

14.1
3 項移動平均とは？

移動平均とは，時系列データの変動を滑らかに変換する手法のことです。

　　3 項移動平均
　　5 項移動平均
　　12 ヶ月移動平均

などが，よく利用されています。

> 経済時系列データ
> の場合には，
> 12 ヶ月の季節変動
> があるブ！

移動平均をすることにより
　　時系列データのトレンド
をグラフ上に浮び上がらせることができます。

表 14.0.2 のウサギのセラピーによる POMS 得点の値を
折れ線グラフで表現すると，次のようになります。

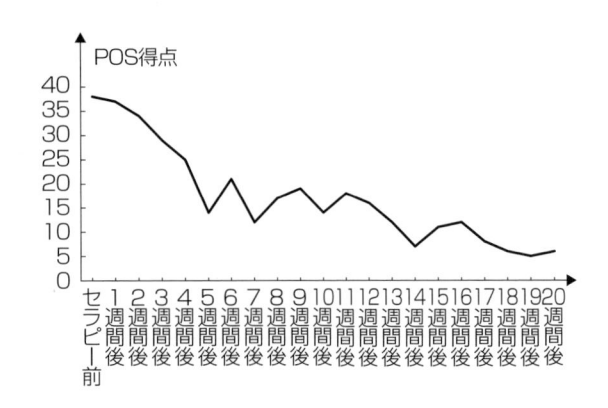

図 14.1.1　ウサギのセラピーによる POMS 得点の変化

14.1 3項移動平均とは？

この時系列データの3項ずつの平均値をとると，それが3項移動平均です。

表14.1.1　3項移動平均

週	ウサギの セラピーによる POMS得点	合計	3項の平均値
セラピー前	38		
1週間後	37	109	36.3
2週間後	34	100	33.3
3週間後	29	88	29.3
4週間後	25	68	22.7
5週間後	14	60	20.0
6週間後	21	47	15.7
7週間後	12	50	16.7
8週間後	17	48	16.0
9週間後	19	50	16.7
10週間後	14	51	17.0
11週間後	18	48	16.0
12週間後	16	46	15.3
13週間後	12	35	11.7
14週間後	7	30	10.0
15週間後	11	30	10.0
16週間後	12	31	10.3
17週間後	8	26	8.7
18週間後	6	19	6.3
19週間後	5	17	5.7
20週間後	6		

$$\frac{109}{3} = 36.3$$
$$\frac{100}{3} = 33.3$$
$$\frac{88}{3} = 29.3$$
$$\vdots$$
$$\frac{17}{3} = 5.7$$

3項移動平均のグラフは，次のようになります。

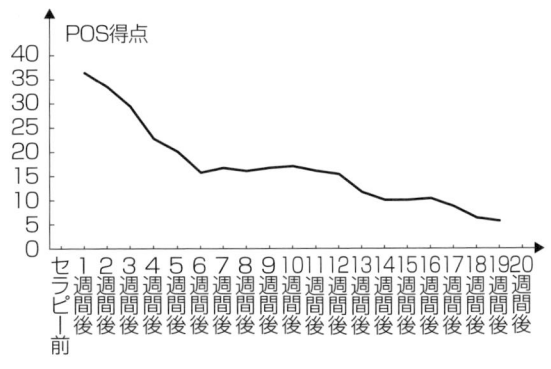

図14.1.2　3項移動平均のグラフ

移動平均
= moving average

14.2 指数平滑化とは？

指数平滑化は

"明日の値を予測する"

ための時系列分析の1つです。

指数平滑化の定義

時系列データ
$$\{\cdots \quad x(t-3) \quad x(t-2) \quad x(t-1) \quad x(t)\}$$
に対して，時点 t における **1 期先の予測値**を
$$\hat{x}(t, 1)$$
としたとき，指数平滑化による予測値は
$$\hat{x}(t, 1) = \alpha \cdot x(t) + \alpha(1-\alpha) \cdot x(t-1) + \alpha(1-\alpha)^2 \cdot x(t-2) + \cdots$$
と定義します。
ただし，$0 \leq \alpha \leq 1$ です。

指数平滑化
= exponential smoothing

$\alpha = 0.3$ の場合
$$\hat{x}(t, 1) = 0.3x(t) + 0.21x(t-1) + \blacksquare$$

$\alpha = 0.7$ の場合
$$\hat{x}(t, 1) = 0.7x(t) + 0.21x(t-1) + \blacksquare$$

よって，

"α の値が1に近いほど，直前の時点の影響を強くうけている"

ことになります。

> $1 - \alpha$ のことを Excel では**減衰率**というプ〜

14.2 指数平滑化とは？

■ 指数平滑化の別の表現

時点 $t-1$ における予測値 $\hat{x}(t-1, 1)$ は
$$\hat{x}(t-1, 1) = \alpha \cdot x(t-1) + \alpha(1-\alpha) \cdot x(t-2) + \alpha(1-\alpha)^2 \cdot x(t-3) + \cdots$$
となるので，
$$\hat{x}(t, 1) = \alpha \cdot x(t) + (1-\alpha) \cdot \hat{x}(t-1, 1)$$
が成り立ちます。

指数平滑化の公式

時系列データ $\{x(t)\}$ において
$$\hat{x}(t, 1) = \alpha \cdot x(t) + (1-\alpha) \cdot \hat{x}(t-1, 1)$$
が成り立ちます。

豆テスト
この公式を
導きましょう！

表 14.2.1　指数平滑化による予測値

週	ウサギの セラピーによる POMS 得点	予測値 $\alpha = 0.1$	予測値 $\alpha = 0.3$	予測値 $\alpha = 0.5$	予測値 $\alpha = 0.7$	予測値 $\alpha = 0.9$
セラピー前	38					
1 週間後	37	38.000	38.000	38.000	38.000	38.000
2 週間後	34	37.900	37.700	37.500	37.300	37.100
3 週間後	29	37.510	36.590	35.750	34.990	34.310
4 週間後	25	36.659	34.313	32.375	30.797	29.531
5 週間後	14	35.493	31.519	28.688	26.739	25.453
6 週間後	21	33.344	26.263	21.344	17.822	15.145
7 週間後	12	32.109	24.684	21.172	20.047	20.415
8 週間後	17	30.098	20.879	16.586	14.414	12.841
9 週間後	19	28.789	19.715	16.793	16.224	16.584
10 週間後	14	27.810	19.501	17.896	18.167	18.758
11 週間後	18	26.429	17.851	15.948	15.250	14.476
12 週間後	16	25.586	17.895	16.974	17.175	17.648
13 週間後	12	24.627	17.327	16.487	16.353	16.165
14 週間後	7	23.365	15.729	14.244	13.306	12.416
15 週間後	11	21.728	13.110	10.622	8.892	7.542
16 週間後	12	20.655	12.477	10.811	10.368	10.654
17 週間後	8	19.790	12.334	11.405	11.510	11.865
18 週間後	6	18.611	11.034	9.703	9.053	8.387
19 週間後	5	17.350	9.524	7.851	6.916	6.239
20 週間後	6	16.115	8.167	6.426	5.575	5.124
21 週間後	?	15.103	7.517	6.213	5.872	5.912

14.3 指数平滑化の公式と例題

■ 公式 ―指数平滑化―

❶次のような表を用意し，予測値 $\hat{x}(t, 1)$ を計算します。

表 14.3.1 指数平滑化のデータの型

時点 t	$x(t)$	予測値 $\hat{x}(t, 1)$
1	$x(1)$	
2	$x(2)$	$\hat{x}(1, 1)$
3	$x(3)$	$\hat{x}(2, 1) = \alpha \cdot x(2) + (1-\alpha) \cdot \hat{x}(1, 1)$
4	$x(4)$	$\hat{x}(3, 1) = \alpha \cdot x(3) + (1-\alpha) \cdot \hat{x}(2, 1)$
5	$x(5)$	$\hat{x}(4, 1) = \alpha \cdot x(4) + (1-\alpha) \cdot \hat{x}(3, 1)$
⋮	⋮	⋮
$t-1$	$x(t-1)$	$\hat{x}(t-2, 1) = \alpha \cdot x(t-2) + (1-\alpha) \cdot \hat{x}(t-3, 1)$
t	$x(t)$	$\hat{x}(t-1, 1) = \alpha \cdot x(t-1) + (1-\alpha) \cdot \hat{x}(t-2, 1)$
$t+1$	?	$\hat{x}(t, 1) = \alpha \cdot x(t) + (1-\alpha) \cdot \hat{x}(t-1, 1)$

14.3 指数平滑化の公式と例題

■ 例題 ―指数平滑化―

❶例 14.0.3 のデータから，次のような表を用意し，予測値 $\hat{x}(t, 1)$ を計算します。

表 14.3.2 指数平滑化の計算

時点 t	$x(t)$	予測値 $\hat{x}(t, 1)$
1	38	
2	37	$\hat{x}(1, 1) = \qquad\qquad\qquad\qquad 38.000$
3	34	$\hat{x}(2, 1) = 0.3 \times 37 + (1 - 0.3) \times 38.000 = 37.700$
4	29	$\hat{x}(3, 1) = 0.3 \times 34 + (1 - 0.3) \times 37.700 = 36.590$
5	25	$\hat{x}(4, 1) = 0.3 \times 29 + (1 - 0.3) \times 36.590 = 34.313$
6	14	$\hat{x}(5, 1) = 0.3 \times 25 + (1 - 0.3) \times 34.313 = 31.519$
7	21	$\hat{x}(6, 1) = 0.3 \times 14 + (1 - 0.3) \times 31.519 = 26.263$
8	12	$\hat{x}(7, 1) = 0.3 \times 21 + (1 - 0.3) \times 26.263 = 24.684$
9	17	$\hat{x}(8, 1) = 0.3 \times 12 + (1 - 0.3) \times 24.684 = 20.879$
10	19	$\hat{x}(9, 1) = 0.3 \times 17 + (1 - 0.3) \times 20.879 = 19.715$
11	14	$\hat{x}(10, 1) = 0.3 \times 19 + (1 - 0.3) \times 19.715 = 19.501$
12	18	$\hat{x}(11, 1) = 0.3 \times 14 + (1 - 0.3) \times 19.501 = 17.851$
13	16	$\hat{x}(12, 1) = 0.3 \times 18 + (1 - 0.3) \times 17.851 = 17.895$
14	12	$\hat{x}(13, 1) = 0.3 \times 16 + (1 - 0.3) \times 17.895 = 17.327$
15	7	$\hat{x}(14, 1) = 0.3 \times 12 + (1 - 0.3) \times 17.327 = 15.729$
16	11	$\hat{x}(15, 1) = 0.3 \times 7 + (1 - 0.3) \times 15.729 = 13.110$
17	12	$\hat{x}(16, 1) = 0.3 \times 11 + (1 - 0.3) \times 13.110 = 12.477$
18	8	$\hat{x}(17, 1) = 0.3 \times 12 + (1 - 0.3) \times 12.477 = 12.334$
19	6	$\hat{x}(18, 1) = 0.3 \times 8 + (1 - 0.3) \times 12.334 = 11.034$
20	5	$\hat{x}(19, 1) = 0.3 \times 6 + (1 - 0.3) \times 11.034 = 9.524$
21	6	$\hat{x}(20, 1) = 0.3 \times 5 + (1 - 0.3) \times 9.524 = 8.167$
22	?	$\hat{x}(21, 1) = 0.3 \times 6 + (1 - 0.3) \times 8.167 = 7.517$

14.4
統計力を高めましょう

統計力 14.4.1

次のデータは，赤色，青色，緑色系統の室内で作業をおこなったときのアミラーゼ値を測定した結果です。

赤色における3項移動平均を計算して，そのグラフを描いて下さい。

表 14.4.1

時間	赤色	青色	緑色
作業前	18	12	4
作業1分後	26	9	7
作業2分後	31	27	9
作業3分後	21	21	18
作業4分後	44	24	23
作業5分後	56	29	23
作業6分後	42	41	24
作業7分後	46	43	35
作業8分後	59	43	42
作業9分後	65	55	46
作業10分後	76	61	47
作業11分後	81	65	44
作業12分後	87	61	44
作業13分後	83	67	47
作業14分後	82	68	35
作業15分後	84	64	33
作業16分後	79	55	35
作業17分後	60	60	38
作業18分後	75	46	36
作業19分後	59	51	30
作業20分後	56	46	28

14.4 統計力を高めましょう

統計力 14.4.2

表 14.4.1 の青色について，3 項移動平均を計算して，そのグラフを描いて下さい。

統計力 14.4.3

表 14.4.1 の赤色について，作業 21 分後のアミラーゼ値を指数平滑化を用いて予測して下さい。

ただし，$\alpha = 0.2$，$\alpha = 0.4$，$\alpha = 0.6$，$\alpha = 0.8$ とします。

統計力 14.4.4

表 14.4.1 の青色について，作業 21 分後のアミラーゼ値を指数平滑化を用いて予測して下さい。

ただし，$\alpha = 0.2$，$\alpha = 0.4$，$\alpha = 0.6$，$\alpha = 0.8$ とします。

第14章 時系列データと予測のススメ

•••• ★Excel を利用するときは★ ••••••••••••••••••••••••••••

Excel の分析ツールの指数平滑化を利用しても
いいですね！

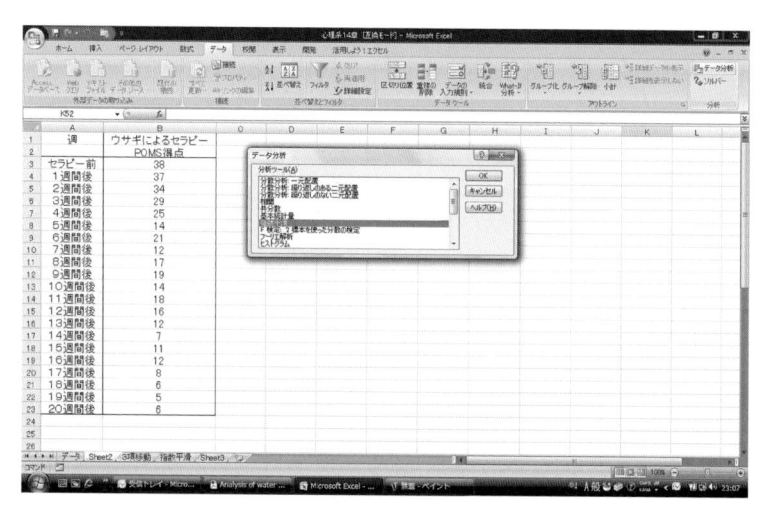

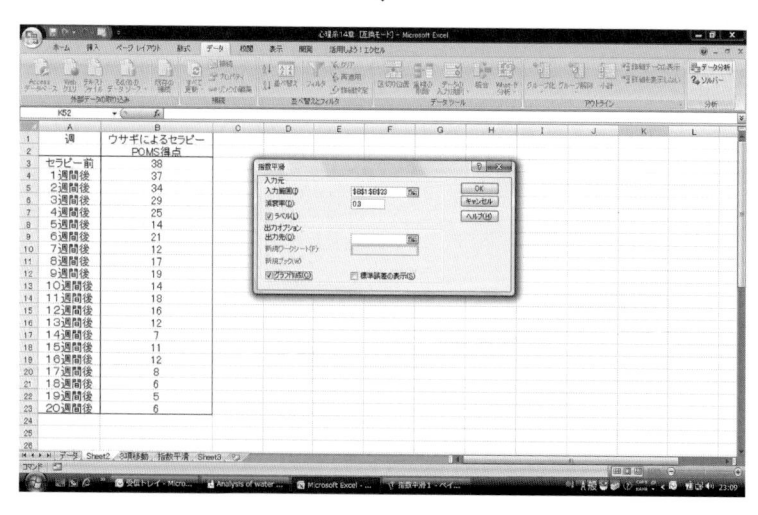

第15章
統計力確認のススメ

この章では
今までに学んできた多くの統計処理の方法を
正しく理解できているかどうか
問題を解いて確認しましょう!!

15 統計力確認のススメ

次のデータは，ある作業をおこなったときの反応時間について，心理療法をおこなう前とおこなった後に測定した結果です。

表 15.1　女性のグループ

被験者 No.	性別	年齢	職種	ストレス	反応時間 心理療法前	反応時間 心理療法後	心理療法の効果
1	女性	28	管理	0	17.0	16.7	変わらない
2	女性	33	事務	5	18.4	15.6	変わらない
3	女性	22	事務	4	24.9	19.1	少しよくなった
4	女性	29	事務	4	21.2	20.3	変わらない
5	女性	31	営業	9	32.8	17.6	よくなった
6	女性	26	技術	5	32.1	20.9	よくなった
7	女性	24	事務	7	30.1	16.5	よくなった
8	女性	48	事務	1	15.3	12.4	変わらない
9	女性	23	営業	7	31.6	20.8	よくなった
10	女性	30	事務	5	27.1	13.6	よくなった
11	女性	42	技術	5	27.5	19.4	少しよくなった
12	女性	21	事務	8	24.6	12.5	よくなった
13	女性	45	管理	8	32.5	15.8	よくなった
14	女性	28	技術	6	18.8	21.3	ひどくなった
15	女性	48	事務	2	20.1	14.6	少しよくなった
16	女性	46	事務	3	23.7	16.1	少しよくなった
17	女性	41	事務	10	41.5	29.5	よくなった
18	女性	49	事務	4	23.8	17.7	少しよくなった
19	女性	22	事務	4	30.6	17.4	よくなった
20	女性	43	管理	5	25.3	16.5	少しよくなった
21	女性	43	営業	4	24.8	15.3	少しよくなった
22	女性	32	営業	8	26.5	18.1	少しよくなった
23	女性	46	技術	4	23.9	16.4	少しよくなった
24	女性	38	営業	6	21.2	19.9	変わらない
25	女性	36	管理	7	30.4	21.5	少しよくなった
26	女性	27	事務	4	24.8	15.9	少しよくなった
27	女性	36	事務	9	33.6	19.7	よくなった
28	女性	35	管理	3	15.2	21.3	ひどくなった
29	女性	22	事務	5	22.9	20.5	変わらない
30	女性	38	営業	10	36.1	25.4	よくなった

15 統計力確認のススメ

> このデータを使って，統計力確認だプ

表 15.2　男性のグループ

被験者No.	性別	年齢	職種	ストレス	反応時間		心理療法の効果
					心理療法前	心理療法後	
31	男性	35	技術	6	24.8	19.3	少しよくなった
32	男性	25	技術	2	27.2	14.1	よくなった
33	男性	45	技術	3	17.5	20.3	ひどくなった
34	男性	33	営業	4	31.6	22.9	少しよくなった
35	男性	34	営業	6	32.4	23.5	少しよくなった
36	男性	29	営業	2	25.1	20.5	変わらない
37	男性	41	技術	0	25.6	25.1	変わらない
38	男性	25	技術	9	31.5	19.3	よくなった
39	男性	20	営業	10	34.8	23.2	よくなった
40	男性	47	管理	3	24.0	19.8	変わらない
41	男性	40	管理	2	19.2	17.0	変わらない
42	男性	39	営業	8	30.4	18.2	よくなった
43	男性	44	営業	2	16.7	16.5	変わらない
44	男性	38	管理	0	17.4	21.9	ひどくなった
45	男性	37	管理	3	16.5	20.3	ひどくなった
46	男性	49	管理	1	21.4	25.7	ひどくなった
47	男性	36	営業	2	17.7	24.2	ひどくなった
48	男性	31	技術	5	25.0	15.4	少しよくなった
49	男性	29	技術	3	17.6	16.2	変わらない
50	男性	41	営業	6	27.3	18.6	少しよくなった
51	男性	36	技術	3	16.1	19.5	ひどくなった
52	男性	42	事務	8	24.2	16.6	少しよくなった
53	男性	42	管理	7	29.4	21.0	少しよくなった
54	男性	24	営業	6	21.8	17.9	変わらない
55	男性	37	技術	7	26.5	16.8	少しよくなった
56	男性	47	事務	4	19.2	26.4	ひどくなった
57	男性	34	管理	9	30.7	22.1	少しよくなった
58	男性	30	事務	8	23.4	21.8	変わらない
59	男性	47	営業	10	30.2	16.8	よくなった
60	男性	25	事務	6	19.6	23.5	ひどくなった

第 15 章　統計力確認のススメ

統計力 15.1

❶ 表 15.1 において，名義データはどれですか？
❷ 表 15.1 において，順序データはどれですか？
❸ 表 15.1 において，数値データはどれですか？

統計力 15.2

❶ 表 15.1 の職種を棒グラフで表現して下さい。
❷ 表 15.1 の職種を円グラフで表現して下さい。
❸ 表 15.1 の職種を折れ線グラフで表現して下さい。

統計力 15.3

❶ 表 15.1 の心理療法前と心理療法後について，それぞれ，反応時間の平均値を計算して下さい。
❷ 表 15.1 の心理療法前と心理療法後について，それぞれ，反応時間の分散を計算して下さい。
❸ 表 15.1 の心理療法前と心理療法後について，それぞれ，反応時間の標準偏差を計算して下さい。

統計力 15.4

❶ 表 15.1 のストレスを横軸に，心理療法前の反応時間を縦軸にとり，散布図を描いて下さい。
❷ 表 15.2 のストレスを横軸に，心理療法前の反応時間を縦軸にとり，散布図を描いて下さい。
❸ 表 15.1 のストレスと心理療法前の反応時間との相関係数を計算して下さい。
❹ 表 15.2 のストレスと心理療法前の反応時間との相関係数を計算して下さい。

15 統計力確認のススメ

統計力 15.5

❶ 表 15.1 のストレスを独立変数 x に，心理療法前の反応時間を従属変数 y にとり，回帰直線の式と決定係数を求めて下さい。

❷ 表 15.2 のストレスを独立変数 x に，心理療法前の反応時間を従属変数 y にとり，回帰直線の式と決定係数を求めて下さい。

統計力 15.6

❶ 表 15.1 と表 15.2 の心理療法前の反応時間を 1 つにまとめ，度数分布表とヒストグラムを作成して下さい。

❷ 表 15.1 と表 15.2 の心理療法後の反応時間を 1 つにまとめ，度数分布表とヒストグラムを作成して下さい。

統計力 15.7

❶ 表 15.1 の心理療法前の反応時間について，信頼計数 95％で母平均の区間推定をして下さい。

❷ 表 15.1 の心理療法後の反応時間について，信頼計数 95％で母平均の区間推定をして下さい。

統計力 15.8

❶ 表 15.1 のストレスについて

$$\{8 \quad 9 \quad 10\}$$ をストレスが多い

とします。

このとき，信頼計数 95％でストレスの多い人の母比率の区間推定をして下さい。

❷ 表 15.1 の心理療法の効果について

　　　　　　　｛少しよくなった，よくなった｝を効果あり

とします。

　このとき，信頼計数 95％で，心理療法の効果ありの母比率を区間推定して下さい。

統計力 15.9

❶ 表 15.1 の心理療法前の反応時間と表 15.2 の心理療法前の反応時間の間に差があるかどうか，2 つの母平均の差の検定をして下さい。

❷ 表 15.1 の心理療法後の反応時間と表 15.2 の心理療法後の反応時間の間に差があるかどうか，2 つの母平均の差の検定をして下さい。

統計力 15.10

❶ 表 15.1 の心理療法前と心理療法後の反応時間の間に差があるかどうか，対応のある 2 つの母平均の差の検定をして下さい。

❷ 表 15.2 の心理療法前と心理療法後の反応時間の間に差があるかどうか，対応のある 2 つの母平均の差の検定をして下さい。

統計力 15.11

❶ 表 15.1 と表 15.2 のデータを一つにまとめます。

心理療法の効果について

　　　　　｛ひどくなった　かわらない｝を効果なし

　　　　　｛少しよくなった　よくなった｝を効果あり

とします。

　このとき，性別と心理療法の効果について，2 × 2 クロス集計表を作成し，独立性の検定をして下さい。

解答・付録

解　　答

統計力 1.5.1 ～ 1.5.5　　（略）

統計力 2.5.1

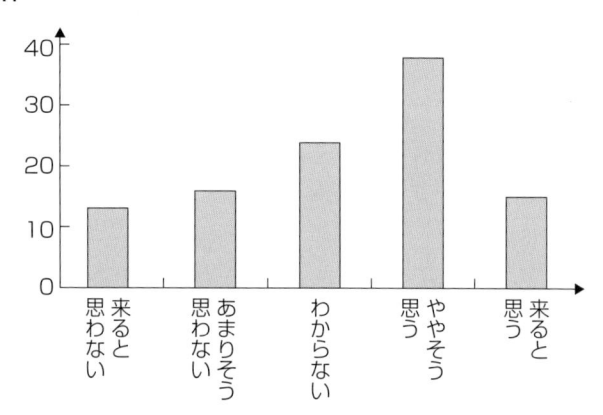

(棒グラフ：来ると思わない 約13、あまりそう思わない 約16、わからない 約24、ややそう思う 約38、来ると思う 約15)

統計力 2.5.2

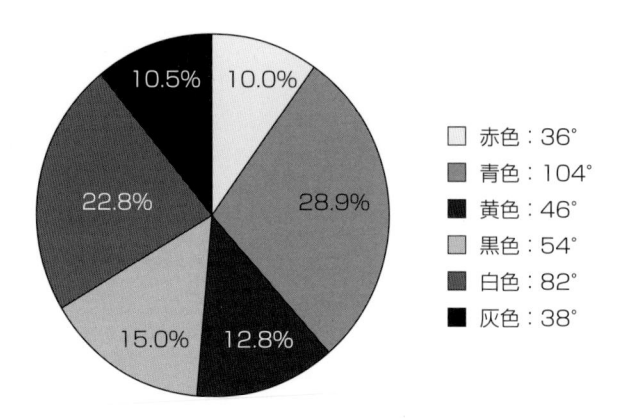

(円グラフ)
- 10.0%
- 28.9%
- 12.8%
- 15.0%
- 22.8%
- 10.5%

赤色：36°
青色：104°
黄色：46°
黒色：54°
白色：82°
灰色：38°

※数値を求める問題の解は，計算過程における端数処理の方法や計算手順によって多少の相違がある場合があります。

解　　答

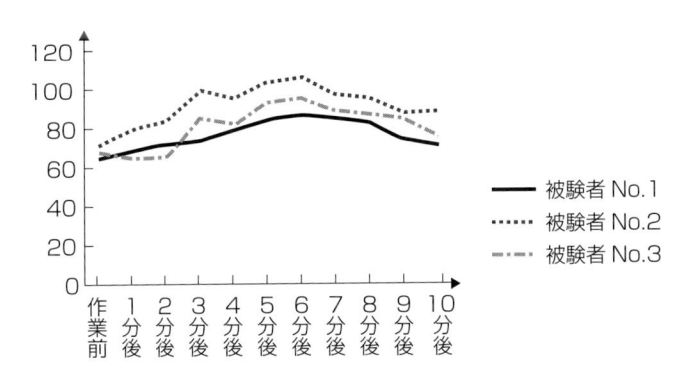

統計力 2.5.3

(折れ線グラフ：被験者 No.1、被験者 No.2、被験者 No.3 の作業前〜10分後の変化)

統計力 3.5.1
平均値　48.5　　分散　117.18　　標準偏差　10.8

統計力 3.5.2
平均値　79.8　　分散　185.79　　標準偏差　13.6

統計力 3.5.3
平均値　54.5　　中央値　51.5　　最頻値　75

統計力 4.6.1

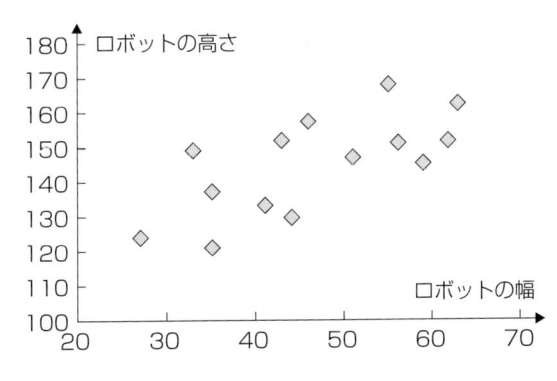

(散布図：横軸 ロボットの幅、縦軸 ロボットの高さ)

相関係数　　0.6873

207

解　答

統計力 4.6.2

相関係数

	スピーディー	知的	親しみ
スピーディー	1		
知的	0.7839	1	
親しみ	−0.4791	−0.6522	1

統計力 4.6.3　（略）

統計力 5.6.1

回帰直線　$Y = 53.816 + 0.605x$　　決定係数　0.3207

統計力 5.6.2

回帰直線　$Y = 80.973 - 0.450x$　　決定係数　0.4132

統計力 6.4.1

度数分布表

階級	度数
30〜40	7
40〜50	24
50〜60	29
60〜70	13
70〜80	5
80〜90	2

ヒストグラム

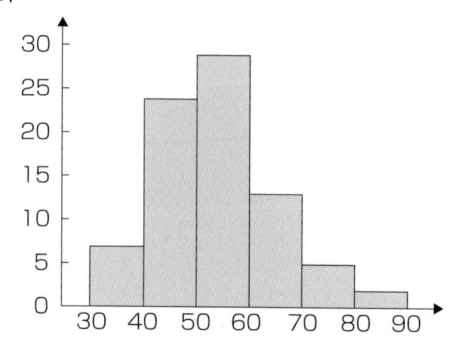

統計力 6.4.2

度数分布表

階級	度数
20～30	7
30～40	18
40～50	29
50～60	17
60～70	9

ヒストグラム

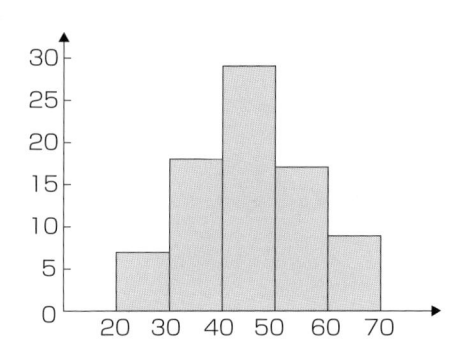

統計力 7.7.1

$P(X=0) = 0.00007$　　$P(X=3) = 0.047$

$P(X=1) = 0.001$　　$P(X=4) = 0.136$

$P(X=2) = 0.010$　　$P(X=5) = 0.254$

統計力 7.7.2

$P(X=3) = 0.222$

$P(X=4) = 0.556$

$P(X=5) = 0.222$

統計力 7.7.3

$P(X=0) = 0.135$　　$P(X=3) = 0.180$

$P(X=1) = 0.271$　　$P(X=4) = 0.090$

$P(X=2) = 0.271$　　$P(X=5) = 0.036$

解　答

統計力 7.7.4
(1) 0.8557　　(2) 0.25065
(3) 0.07215　(4) 0.07215

統計力 7.7.5
0.6826

統計力 8.4.1
$\chi^2(\ 1\ ;0.05) = 3.84146$　　$\chi^2(\ 1\ ;0.025) = 5.02389$
$\chi^2(\ 2\ ;0.05) = 5.99146$　　$\chi^2(\ 2\ ;0.025) = 7.37776$
$\chi^2(\ 3\ ;0.05) = 7.81473$　　$\chi^2(\ 3\ ;0.025) = 9.34840$
$\chi^2(\ 8\ ;0.05) = 15.5073$　　$\chi^2(\ 8\ ;0.025) = 17.5345$
$\chi^2(\ 9\ ;0.05) = 16.9190$　　$\chi^2(\ 9\ ;0.025) = 19.0228$
$\chi^2(10\ ;0.05) = 18.3070$　　$\chi^2(10\ ;0.025) = 20.4832$

統計力 8.4.2
$t(\ 8\ ;0.05) = 1.860$　　$t(\ 5\ ;0.025) = 2.571$
$t(\ 9\ ;0.05) = 1.833$　　$t(\ 6\ ;0.025) = 2.447$
$t(10\ ;0.05) = 1.812$　　$t(\ 7\ ;0.025) = 2.365$
$t(18\ ;0.05) = 1.734$　　$t(15\ ;0.025) = 2.131$
$t(19\ ;0.05) = 1.729$　　$t(16\ ;0.025) = 2.120$
$t(20\ ;0.05) = 1.725$　　$t(17\ ;0.025) = 2.110$

統計力 8.4.3
(1) 0.0381　(2) 0.1165
(3) 0.2308　(4) 0.3669

統計力 8.4.4
(1) 0.0973　(2) 0.0891
(3) 0.0850　(4) 0.0795

解　答

統計力 9.3.1
　　下側信頼限界　41.1　　上側信頼限界　54.1
統計力 9.3.2
　　下側信頼限界　42.9　　上側信頼限界　55.1
統計力 9.3.3
　　下側信頼限界　46.1　　上側信頼限界　58.5
統計力 9.3.4
　　下側信頼限界　51.6　　上側信頼限界　53.0

統計力 10.4.1
　　下側信頼限界　0.4866　　上側信頼限界　0.7192
統計力 10.4.2
　　下側信頼限界　0.6859　　上側信頼限界　0.8757

統計力 11.4.1
　　検定統計量　2.222　　棄却限界　2.060　　仮説 H_0 は棄却される
統計力 11.4.2
　　検定統計量　2.197　　棄却限界　2.052　　仮説 H_0 は棄却される

統計力 12.3.1
　　検定統計量　2.774　　棄却限界　2.179　　仮説 H_0 は棄却される
統計力 12.3.2
　　検定統計量　2.085　　棄却限界　2.228　　仮説 H_0 は棄却されない

統計力 13.5.1
　　検定統計量　5.702　　棄却限界　3.84146　　仮説 H_0 は棄却される
統計力 13.5.2
　　検定統計量　10.621　　棄却限界　3.84146　　仮説 H_0 は棄却される

解　答

統計力 14.4.1，統計力 14.4.2

時間	赤色における3項移動平均	青色における3項移動平均
作業前		
1分後	25.0	16.0
2分後	26.0	19.0
3分後	32.0	24.0
4分後	40.3	24.7
5分後	47.3	31.3
6分後	48.0	37.7
7分後	49.0	42.3
8分後	56.7	47.0
9分後	66.7	53.0
10分後	74.0	60.3
11分後	81.3	62.3
12分後	83.7	64.3
13分後	84.0	65.3
14分後	83.0	66.3
15分後	81.7	62.3
16分後	74.3	59.7
17分後	71.3	53.7
18分後	64.7	52.3
19分後	63.3	47.7
20分後		

グラフ（略）

統計力 14.4.3

	$\alpha = 0.2$	$\alpha = 0.4$	$\alpha = 0.6$	$\alpha = 0.8$
予測値	66.80	64.10	61.40	58.70

統計力 14.4.4

	$\alpha = 0.2$	$\alpha = 0.4$	$\alpha = 0.6$	$\alpha = 0.8$
予測値	52.63	50.98	49.32	47.66

解　答

統計力 15.1

❶（略）　❷（略）　❸（略）

統計力 15.2

❶（略）　❷（略）　❸（略）

統計力 15.3

	心理療法前	心理療法後
❶平均値	25.9	18.3
❷分散	39.70	13.24
❸標準偏差	6.3	3.6

統計力 15.4

❶（略）　❷（略）

❸相関係数　0.7816　　❹相関係数　0.6552

統計力 15.5

❶回帰直線 $Y = 15.36 + 1.96x$　　決定係数 $= 0.6110$

❷回帰直線 $Y = 18.19 + 1.23x$　　決定係数 $= 0.4292$

統計力 15.6

❶（略）　❷（略）

統計力 15.7

❶下側信頼限界　23.6　　上側信頼限界　28.3

❷下側信頼限界　16.9　　上側信頼限界　19.6

統計力 15.8

❶下側信頼限界　0.082　　上側信頼限界　0.385

❷下側信頼限界　0.575　　上側信頼限界　0.892

統計力 15.9

❶検定統計量　1.161　　棄却限界　2.002　　仮説 H_0 は棄却されない

❷検定統計量 -2.098　　棄却限界　2.002　　仮説 H_0 は棄却されない

統計力 15.10

❶検定統計量　4.991　　棄却限界　2.045　　仮説 H_0 は棄却される

❷検定統計量　3.424　　棄却限界　2.045　　仮説 H_0 は棄却される

統計力 15.11

❶検定統計量　4.444　　棄却限界　3.84146　　仮説 H_0 は棄却される

付　　録

数表 1　標準正規分布の値

z	0.00	0.01	0.02	0.03	0.04
0.0	0.0000	0.0040	0.0080	0.0120	0.0160
0.1	0.0398	0.0438	0.0478	0.0517	0.0557
0.2	0.0793	0.0832	0.0871	0.0910	0.0948
0.3	0.1179	0.1217	0.1255	0.1293	0.1331
0.4	0.1554	0.1591	0.1628	0.1664	0.1700
0.5	0.1915	0.1950	0.1985	0.2019	0.2054
0.6	0.2257	0.2291	0.2324	0.2357	0.2389
0.7	0.2580	0.2611	0.2642	0.2673	0.2704
0.8	0.2881	0.2910	0.2939	0.2967	0.2995
0.9	0.3159	0.3186	0.3212	0.3238	0.3264
1.0	0.3413	0.3438	0.3461	0.3485	0.3508
1.1	0.3643	0.3665	0.3686	0.3708	0.3729
1.2	0.3849	0.3869	0.3888	0.3907	0.3925
1.3	0.40320	0.40490	0.40658	0.40824	0.40988
1.4	0.41924	0.42073	0.42220	0.42364	0.42507
1.5	0.43319	0.43448	0.43574	0.43699	0.43822
1.6	0.44520	0.44630	0.44738	0.44845	0.44950
1.7	0.45543	0.45637	0.45728	0.45818	0.45907
1.8	0.46407	0.46485	0.46562	0.46638	0.46712
1.9	0.47128	0.47193	0.47257	0.47320	0.47381
2.0	0.47725	0.47778	0.47831	0.47882	0.47932
2.1	0.48214	0.48257	0.48300	0.48341	0.48382
2.2	0.48610	0.48645	0.48679	0.48713	0.48745
2.3	0.48928	0.48956	0.48983	0.49^{0}097	0.49^{0}358
2.4	0.49^{1}802	0.49^{2}024	0.49^{2}240	0.49^{2}451	0.49^{2}656
2.5	0.49^{3}790	0.49^{3}963	0.49^{4}132	0.49^{4}297	0.49^{4}457
2.6	0.49^{5}339	0.49^{5}473	0.49^{5}604	0.49^{5}731	0.49^{5}855
2.7	0.49^{6}533	0.49^{6}636	0.49^{6}736	0.49^{6}833	0.49^{6}928
2.8	0.49^{7}445	0.49^{7}523	0.49^{7}599	0.49^{7}673	0.49^{7}744
2.9	0.49^{8}134	0.49^{8}193	0.49^{8}250	0.49^{8}305	0.49^{8}359
3.0	0.49^{8}650	0.49^{8}694	0.49^{8}736	0.49^{8}777	0.49^{8}817
3.1	0.49^{2}0324	0.49^{2}0646	0.49^{2}0957	0.49^{2}1260	0.49^{2}1553
3.2	0.49^{2}3129	0.49^{2}3363	0.49^{2}3590	0.49^{2}3810	0.49^{2}4024
3.3	0.49^{2}5166	0.49^{2}5335	0.49^{2}5499	0.49^{2}5658	0.49^{2}5811
3.4	0.49^{2}6631	0.49^{2}6752	0.49^{2}6869	0.49^{2}6982	0.49^{2}7091
3.5	0.49^{2}7674	0.49^{2}7759	0.49^{2}7842	0.49^{2}7922	0.49^{2}7999
3.6	0.49^{2}8409	0.49^{2}8469	0.49^{2}8527	0.49^{2}8583	0.49^{2}8637
3.7	0.49^{2}8922	0.49^{2}8964	0.49^{3}0039	0.49^{3}0426	0.49^{3}0799
3.8	0.49^{3}2765	0.49^{3}3052	0.49^{3}3327	0.49^{3}3593	0.49^{3}3848
3.9	0.49^{3}5190	0.49^{3}5385	0.49^{3}5573	0.49^{3}5753	0.49^{3}5926
4.0	0.49^{3}6833	0.49^{3}6964	0.49^{3}7090	0.49^{3}7211	0.49^{3}7327

付　録

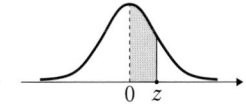

0.05	0.06	0.07	0.08	0.09
0.0199	0.0239	0.0279	0.0319	0.0359
0.0596	0.0636	0.0675	0.0714	0.0753
0.0987	0.1026	0.1064	0.1103	0.1141
0.1368	0.1406	0.1443	0.1480	0.1517
0.1736	0.1772	0.1808	0.1844	0.1879
0.2088	0.2123	0.2157	0.2190	0.2224
0.2422	0.2454	0.2486	0.2517	0.2549
0.2734	0.2764	0.2794	0.2823	0.2852
0.3023	0.3051	0.3078	0.3106	0.3133
0.3289	0.3315	0.3340	0.3365	0.3389
0.3531	0.3554	0.3577	0.3599	0.3621
0.3749	0.3770	0.3790	0.3810	0.3830
0.3944	0.3962	0.3980	0.3997	0.4015
0.41149	0.41309	0.41466	0.41621	0.41774
0.42647	0.42785	0.42922	0.43056	0.43189
0.43943	0.44062	0.44179	0.44295	0.44408
0.45053	0.45154	0.45254	0.45352	0.45449
0.45994	0.46080	0.46164	0.46246	0.46327
0.46784	0.46856	0.46926	0.46995	0.47062
0.47441	0.47500	0.47558	0.47615	0.47670
0.47982	0.48030	0.48077	0.48124	0.48169
0.48422	0.48461	0.48500	0.48537	0.48574
0.48778	0.48809	0.48840	0.48870	0.48899
0.490613	0.490863	0.491106	0.491344	0.491576
0.492857	0.493053	0.493244	0.493431	0.493613
0.494614	0.494766	0.494915	0.495060	0.495201
0.495975	0.496093	0.496207	0.496319	0.496427
0.497020	0.497110	0.497197	0.497282	0.497365
0.497814	0.497882	0.497948	0.498012	0.498074
0.498411	0.498462	0.498511	0.498559	0.498605
0.498856	0.498893	0.498930	0.498965	0.498999
0.49^21836	0.49^22112	0.49^22378	0.49^22636	0.49^22886
0.49^24230	0.49^24429	0.49^24623	0.49^24810	0.49^24991
0.49^25959	0.49^26103	0.49^26242	0.49^26376	0.49^26505
0.49^27197	0.49^27299	0.49^27398	0.49^27493	0.49^27585
0.49^28074	0.49^28146	0.49^28215	0.49^28282	0.49^28347
0.49^28689	0.49^28739	0.49^28787	0.49^28834	0.49^28879
0.49^31158	0.49^31504	0.49^31838	0.49^32159	0.49^32468
0.49^34094	0.49^34331	0.49^34558	0.49^34777	0.49^34988
0.49^36092	0.49^36253	0.49^36406	0.49^36554	0.49^36696
0.49^37439	0.49^37546	0.49^37649	0.49^37748	0.49^37843

数表2 標準正規分布の各パーセント点

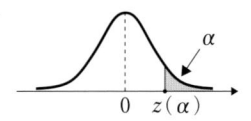

α	$z(\alpha)$	α	$z(\alpha)$
0.500	0.000	0.030	1.881
0.450	0.126	0.029	1.896
0.400	0.253	0.028	1.911
0.350	0.385	0.027	1.927
0.300	0.524	0.026	1.943
0.250	0.674	0.025	1.960
0.200	0.842	0.024	1.977
0.150	1.036	0.023	1.995
0.100	1.282	0.022	2.014
		0.021	2.034
0.050	1.645	0.020	2.054
0.049	1.655	0.019	2.075
0.048	1.665	0.018	2.097
0.047	1.675	0.017	2.120
0.046	1.685	0.016	2.144
0.045	1.695	0.015	2.170
0.044	1.706	0.014	2.197
0.043	1.717	0.013	2.226
0.042	1.728	0.012	2.257
0.041	1.739	0.011	2.290
0.040	1.751	0.010	2.326
0.039	1.762	0.009	2.366
0.038	1.774	0.008	2.409
0.037	1.787	0.007	2.457
0.036	1.799	0.006	2.512
0.035	1.812	0.005	2.576
0.034	1.825	0.004	2.652
0.033	1.838	0.003	2.748
0.032	1.852	0.002	2.878
0.031	1.866	0.001	3.090

数表3 自由度 m のカイ2乗分布の各パーセント点

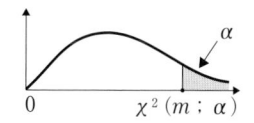

m \ α	0.995	0.990	0.975	0.950	0.050	0.025	0.010	0.005
1	392704×10^{-10}	157088×10^{-9}	982069×10^{-9}	393214×10^{-8}	3.84146	5.02389	6.63490	7.87944
2	0.0100251	0.0201007	0.0506356	0.102587	5.99146	7.37776	9.21034	10.5966
3	0.0717218	0.114832	0.215795	0.351846	7.81473	9.34840	11.3449	12.8382
4	0.206989	0.297109	0.484419	0.710723	9.48773	11.1433	13.2767	14.8603
5	0.411742	0.554298	0.831212	1.145476	11.0705	12.8325	15.0863	16.7496
6	0.675727	0.872090	1.237344	1.635380	12.5916	14.4494	16.8119	18.5476
7	0.989256	1.239042	1.68987	2.16735	14.0671	16.0128	18.4753	20.2777
8	1.344413	1.646497	2.17973	2.73264	15.5073	17.5345	20.0902	21.9550
9	1.734933	2.087901	2.70039	3.32511	16.9190	19.0228	21.6660	23.5894
10	2.15586	2.55821	3.24697	3.94030	18.3070	20.4832	23.2093	25.1882
11	2.60322	3.05348	3.81575	4.57481	19.6751	21.9200	24.7250	26.7568
12	3.07382	3.57057	4.40379	5.22603	21.0261	23.3367	26.2170	28.2995
13	3.56503	4.10692	5.00875	5.89186	22.3620	24.7356	27.6882	29.8195
14	4.07467	4.66043	5.62873	6.57063	23.6848	26.1189	29.1412	31.3193
15	4.60092	5.22935	6.26214	7.26094	24.9958	27.4884	30.5779	32.8013
16	5.14221	5.81221	6.90766	7.96165	26.2962	28.8454	31.9999	34.2672
17	5.69722	6.40776	7.56419	8.67176	27.5871	30.1910	33.4087	35.7185
18	6.26480	7.01491	8.23075	9.39046	28.8693	31.5264	34.8053	37.1565
19	6.84397	7.63273	8.90652	10.1170	30.1435	32.8523	36.1909	38.5823
20	7.43384	8.26040	9.59078	10.8508	31.4104	34.1696	37.5662	39.9968
21	8.03365	8.89720	10.2829	11.5913	32.6706	35.4789	38.9322	41.4011
22	8.64272	9.54249	10.9823	12.3380	33.9244	36.7807	40.2894	42.7957
23	9.26042	10.19572	11.6886	13.0905	35.1725	38.0756	41.6384	44.1813
24	9.88623	10.8564	12.4012	13.8484	36.4150	39.3641	42.9798	45.5585
25	10.5197	11.5240	13.1197	14.6114	37.6525	40.6465	44.3141	46.9279
26	11.1602	12.1981	13.8439	15.3792	38.8851	41.9232	45.6417	48.2899
27	11.8076	12.8785	14.5734	16.1514	40.1133	43.1945	46.9629	49.6449
28	12.4613	13.5647	15.3079	16.9279	41.3371	44.4608	48.2782	50.9934
29	13.1211	14.2565	16.0471	17.7084	42.5570	45.7223	49.5879	52.3356
30	13.7867	14.9535	16.7908	18.4927	43.7730	46.9792	50.8922	53.6720
40	20.7065	22.1643	24.4330	26.5093	55.7585	59.3417	63.6907	66.7660
50	27.9907	29.7067	32.3574	34.7643	67.5048	71.4202	76.1539	79.4900
60	35.5345	37.4849	40.4817	43.1880	79.0819	83.2977	88.3794	91.9517
70	43.2752	45.4417	48.7576	51.7393	90.5312	95.0232	100.425	104.215
80	51.1719	53.5401	57.1532	60.3915	101.879	106.629	112.329	116.321
90	59.1963	61.7541	65.6466	69.1260	113.145	118.136	124.116	128.299
100	67.3276	70.0649	74.2219	77.9295	124.342	129.561	135.807	140.169

付　録

数表 4　自由度 m の t 分布の各パーセント点

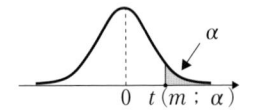

m \ α	0.25	0.1	0.05	0.025	0.01	0.005
1	1.000	3.078	6.314	12.706	31.821	63.657
2	0.816	1.886	2.920	4.303	6.965	9.925
3	0.765	1.638	2.353	3.182	4.541	5.841
4	0.741	1.533	2.132	2.776	3.747	4.604
5	0.727	1.476	2.015	2.571	3.365	4.032
6	0.718	1.440	1.943	2.447	3.143	3.707
7	0.711	1.415	1.895	2.365	2.998	3.499
8	0.706	1.397	1.860	2.306	2.896	3.355
9	0.703	1.383	1.833	2.262	2.821	3.250
10	0.700	1.372	1.812	2.228	2.764	3.169
11	0.697	1.363	1.796	2.201	2.718	3.106
12	0.695	1.356	1.782	2.179	2.681	3.055
13	0.694	1.350	1.771	2.160	2.650	3.012
14	0.692	1.345	1.761	2.145	2.624	2.977
15	0.691	1.341	1.753	2.131	2.602	2.947
16	0.690	1.337	1.746	2.120	2.583	2.921
17	0.689	1.333	1.740	2.110	2.567	2.898
18	0.688	1.330	1.734	2.101	2.552	2.878
19	0.688	1.328	1.729	2.093	2.539	2.861
20	0.687	1.325	1.725	2.086	2.528	2.845
21	0.686	1.323	1.721	2.080	2.518	2.831
22	0.686	1.321	1.717	2.074	2.508	2.819
23	0.685	1.319	1.714	2.069	2.500	2.807
24	0.685	1.318	1.711	2.064	2.492	2.797
25	0.684	1.316	1.708	2.060	2.485	2.787
26	0.684	1.315	1.706	2.056	2.479	2.779
27	0.684	1.314	1.703	2.052	2.473	2.771
28	0.683	1.313	1.701	2.048	2.467	2.763
29	0.683	1.311	1.699	2.045	2.462	2.756
30	0.683	1.310	1.697	2.042	2.457	2.750
40	0.681	1.303	1.684	2.021	2.423	2.704
58	0.679	1.296	1.672	2.002	2.392	2.663
120	0.677	1.289	1.658	1.980	2.358	2.617
∞	0.674	1.282	1.645	1.960	2.326	2.576

★ギリシア文字一覧表★

大文字	小文字	読み方
A	α	アルファ
B	β	ベータ
Γ	γ	ガンマ
Δ	δ	デルタ
E	ε	イプシロン
Z	ζ	ゼータ
H	η	エータ
Θ	θ	シータ
I	ι	イオタ
K	κ	カッパ
Λ	λ	ラムダ
M	μ	ミュー
N	ν	ニュー
Ξ	ξ	クシー,グザイ
O	o	オミクロン
Π	π	パイ
P	ρ	ロー
Σ	σ	シグマ
T	τ	タウ
Υ	υ	ユプシロン
Φ	ϕ	ファイ
X	χ	カイ
Ψ	ψ	プシー,プサイ
Ω	ω	オメガ

索 引

■ ア行

アンケート調査　5
アンケート調査票　6
移動平均　190
インタビュー調査　5
上側信頼限界　130, 142
円グラフ　19, 22
オッズ比　179
折れ線グラフ　20, 24

■ カ行

カイ2乗検定　115
カイ2乗分布　112, 114
回帰　56
回帰係数　59
回帰直線　58
回帰直線の当てはまり　64
階級　72
確率　88
確率の定義　87
確率変数　88
確率密度　96
確率密度関数　97
仮説　152
仮説の検定　153
傾き　60

カテゴリ　18
間隔尺度　3
棄却域　115, 119, 152, 153, 155
棄却限界　115, 119, 155
記述統計学　110
期待値　89
共分散　48
グラフ表現　16
クロス集計表　172
決定係数　65
検定統計量　153
誤差　59

■ サ行

最小2乗法　61
最頻値　35
最尤法　61
3項移動平均　190
残差　59
残差の2乗和　61
散布図　42, 44
時系列データ　188
指数平滑化　192
下側信頼限界　130, 142
実験計画　5
実測値　59
尺度　3
自由度　112
順序尺度　3
順序データ　4

索引

推測統計学　111
数値データ　3
スタージェスの公式　74
正規分布　100, 103, 144
正規母集団　112
正の相関　45
切片　60
相関係数　42, 46, 47, 48
相対度数　78

■ タ行

対応のあるデータ　164
対立仮説　152
中央値　35
中心極限定理　106
超幾何分布　92
調査対象者　5
定数項　59
データアーカイブ　5
データの位置を示す値　30
データのバラツキ　32
データを集める　2
データを探す　5
統計的検定　111
統計的推定　111
統計量　28
等分散性　153
独立　178
独立性の検定　181
度数　72

度数分布表　72
トリム平均　35

■ ナ行

2項分布　90, 144, 180
2次データ　5
2変数のデータ　42

■ ハ行

被験者　5
比尺度　3
ヒストグラム　75
非復元抽出　90
ピボットテーブル　176
標準化　103
標準正規分布　103
標準偏差　33, 89, 99
標本　111
標本抽出　113
比率の区間推定　140
フィッシャーの3原則　5
復元抽出　90
2つの母平均の差の検定　154, 165
負の相関　45
分散　33, 34, 89, 99
分布関数　97
平均値　31
平均の区間推定　128
ポアソン分布　94
棒グラフ　18, 21

221

索　引

母集団　111, 112, 128, 140, 150
母比率　140
母平均　128

■マ行

無相関　45
名義尺度　3
名義データ　4
メディアン　35
モード　35

■ヤ行

有意確率　117, 121, 155
有意水準　115, 119, 153, 155
予測値　59

■ラ行

離散　85
離散確率分布　85, 88
累積相対度数　78
連続確率分布　85, 96
連続型確率分布　96

■ギリシア文字

λ　94
μ　89, 99
σ　89, 99
σ^2　89, 99
χ^2　112

■アルファベット

$E(X)$　89, 99
F 分布　122
$N(\mu, \sigma^2)$　100, 103
r　46
R^2　65
S　33
S^2　33
$|T|$　166
t 検定　119
t 分布　113, 118
$\mathrm{Var}(X)$　89, 99
$\bar{x}$　31

著者紹介

石村貞夫(いしむらさだお)

1981年 東京都立大学大学院博士課程単位取得
現　在 鶴見大学准教授
　　　　理学博士，統計コンサルタント，統計アナリスト

加藤千恵子(かとうちえこ)

1999年 東京大学大学院教育学研究科総合教育科学専攻教育心理学コース修士課程修了
2007年 法政大学大学院工学研究科システムデザイン専攻博士号取得
現　在 東洋大学総合情報学部総合情報学科准教授
　　　　博士（工学），臨床心理士

石村光資郎(いしむらこうしろう)

2004年 慶應義塾大学大学院理工学研究科基礎理工学専攻修士課程修了
2008年 慶應義塾大学大学院理工学研究科基礎理工学専攻博士課程修了
現　在 東洋大学総合情報学部総合情報学科講師
　　　　博士（理学）

心理系のための統計学のススメ
Statistics for Psychology

2008年9月24日　初版1刷発行	著　者　石村貞夫　　©2008
2018年10月1日　初版3刷発行	加藤千恵子
	石村光資郎
	発行者　南條光章
	発　行　共立出版株式会社
	東京都文京区小日向4丁目6番19号
	電話　03-3947-2511番（代表）
	〒112-0006／振替口座 00110-2-57035番
	URL http://www.kyoritsu-pub.co.jp/
	印　刷　横山印刷
	製　本　協栄製本
検印廃止	一般社団法人
NDC 350.1	自然科学書協会
	会員
ISBN 978-4-320-01868-6	Printed in Japan

JCOPY ＜出版者著作権管理機構委託出版物＞

本書の無断複製は著作権法上での例外を除き禁じられています．複製される場合は，そのつど事前に，出版者著作権管理機構（TEL：03-3513-6969，FAX：03-3513-6979，e-mail：info@jcopy.or.jp）の許諾を得てください．

◆ 色彩効果の図解と本文の簡潔な解説により数学の諸概念を一目瞭然化！

ドイツ Deutscher Taschenbuch Verlag 社の『dtv-Atlas事典シリーズ』は，見開き2ページで1つのテーマが完結するように構成されている。右ページに本文の簡潔で分り易い解説を記載し，かつ左ページにそのテーマの中心的な話題を図像化して表現し，本文と図解の相乗効果で理解をより深められるように工夫されている。これは，他の類書には見られない『dtv-Atlas 事典シリーズ』に共通する最大の特徴と言える。本書は，このシリーズの『dtv-Atlas Mathematik』と『dtv-Atlas Schulmathematik』の日本語翻訳版。

カラー図解 数学事典

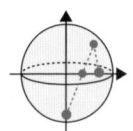

Fritz Reinhardt・Heinrich Soeder［著］
Gerd Falk［図作］
浪川幸彦・成木勇夫・長岡昇勇・林　芳樹［訳］

数学の最も重要な分野の諸概念を網羅的に収録し，その概観を分り易く提供。数学を理解するためには，繰り返し熟考し，計算し，図を書く必要があるが，本書のカラー図解ページはその助けとなる。

【主要目次】　まえがき／記号の索引／序章／数理論理学／集合論／関係と構造／数系の構成／代数学／数論／幾何学／解析幾何学／位相空間論／代数的位相幾何学／グラフ理論／実解析学の基礎／微分法／積分法／関数解析学／微分方程式論／微分幾何学／複素関数論／組合せ論／確率論と統計学／線形計画法／参考文献／索引／著者紹介／訳者あとがき／訳者紹介

■菊判・ソフト上製本・508頁・定価（本体5,500円＋税）■

カラー図解 学校数学事典

Fritz Reinhardt［著］
Carsten Reinhardt・Ingo Reinhardt［図作］
長岡昇勇・長岡由美子［訳］

『カラー図解 数学事典』の姉妹編として，日本の中学・高校・大学初年級に相当するドイツ・ギムナジウム第5学年から13学年で学ぶ学校数学の基礎概念を1冊に編纂。定義は青で印刷し，定理や重要な結果は緑色で網掛けし，幾何学では彩色がより効果を上げている。

【主要目次】　まえがき／記号一覧／図表頁凡例／短縮形一覧／学校数学の単元分野／集合論の表現／数集合／方程式と不等式／対応と関数／極限値概念／微分計算と積分計算／平面幾何学／空間幾何学／解析幾何学とベクトル計算／推測統計学／論理学／公式集／参考文献／索引／著者紹介／訳者あとがき／訳者紹介

■菊判・ソフト上製本・296頁・定価（本体4,000円＋税）■

http://www.kyoritsu-pub.co.jp/　　共立出版　　（価格は変更される場合がございます）